新技术技能人才培养系列教程

互联网 UI 设计师系列

北京课工场教育科技有限公司
**联合出品**

# Photoshop
# UI 设计案例教程

肖睿 雷琳 甘忆 / 主编

顾绮芳 陈颖 汤飞飞 / 副主编

U0264916

人民邮电出版社
北 京

**图书在版编目（CIP）数据**

Photoshop UI设计案例教程 / 肖睿，雷琳，甘忆主编. -- 北京：人民邮电出版社，2020.6（2024.7重印）
新技术技能人才培养系列教程
ISBN 978-7-115-53473-6

Ⅰ．①P… Ⅱ．①肖… ②雷… ③甘… Ⅲ．①图象处理软件—程序设计 Ⅳ．①TP391.413

中国版本图书馆CIP数据核字(2020)第072463号

## 内 容 提 要

本书是专门为用户界面设计（UI 设计）初学者量身打造的一本 UI 设计学习用书。本书立足于实践，从实际工作任务出发，讲解 Photoshop 常用工具及命令的使用方法，旨在帮助读者掌握 Photoshop 的基本操作，同时掌握 UI 设计中常用的理论知识与设计技巧。

本书共 9 章，主要内容包括 Photoshop UI 设计快速入门、选区在 UI 设计中的应用、图层在 UI 设计中的应用、调整图层及混合模式在 UI 设计中的应用、绘图工具及文字工具在 UI 设计中的应用、蒙版与通道在 UI 设计中的应用、矢量工具在 UI 设计中的应用、滤镜在 UI 设计中的应用以及一个综合项目——私厨手机 App 项目。

本书适合作为院校 UI 设计相关课程的教材，也适合 UI 设计爱好者和 App 界面设计从业者阅读参考。

◆ 主　　编　肖　睿　雷　琳　甘　忆
　　副 主 编　顾绮芳　陈　颖　汤飞飞
　　责任编辑　祝智敏
　　责任印制　王　郁　马振武
◆ 人民邮电出版社出版发行　　北京市丰台区成寿寺路 11 号
　　邮编　100164　　电子邮件　315@ptpress.com.cn
　　网址　https://www.ptpress.com.cn
　　北京捷迅佳彩印刷有限公司印刷
◆ 开本：787×1092　1/16
　　印张：17.25　　　　　　　　　　2020 年 6 月第 1 版
　　字数：387 千字　　　　　　　　2024 年 7 月北京第 6 次印刷

定价：79.80 元

读者服务热线：(010)81055256　印装质量热线：(010)81055316
反盗版热线：(010)81055315
广告经营许可证：京东市监广登字 20170147 号

# 序　言

## ◀▶ 丛书设计

互联网产业在我国经济结构的转型升级过程中发挥着重要的作用。当前，迅速发展的互联网产业在我国有着十分广阔的发展前景和巨大的市场机会，这意味着行业需要大量与市场需求匹配的高素质人才。

在新一代信息技术浪潮的推动下，各行各业对 UI 设计人才的需求在迅速增加。许多刚走出校门的应届毕业生和有着多年工作经验的传统设计人员，由于缺乏对移动端 App、新媒体行业的理解，缺乏互联网思维和前端开发技术等，所掌握的知识和技能满足不了行业、企业的要求，因此很难找到理想的 UI 设计师工作。基于这种行业现状，课工场作为 IT 职业教育的先行者，推出了"互联网 UI 设计师系列"教材。

本丛书提供了集基础理论、创意设计、项目实战、就业项目实训于一体的教学体系，内容既包含 UI 设计师必备的基础知识，也包括许多行业新知识和新技能的介绍，旨在培养专业型、实用型、技术型人才，在提升读者专业技能的同时，增强他们的就业竞争力。

## ◀▶ 丛书特点

1. 以企业需求为导向，以提升就业竞争力为核心目标

满足企业对人才的技能需求，提升读者的就业竞争力是本丛书的核心编写原则。为此，课工场互联网 UI 设计师教研团队对企业的平面 UI 设计师、移动 UI 设计师、网页 UI 设计师等人才需求进行了大量实质性的调研，将岗位实用技能融入教学内容中，从而实现教学内容与企业需求的契合。

2. 科学、合理的教学体系，关注读者成长路径，培养读者实践能力

实用的教学内容结合科学的教学体系与先进的教学方法才能达到好的教学效果。本丛书为了使读者能够目的明确、条理清晰地学习，秉承了以学习者为中心的教育思想，循序渐进地培养读者的专业基础、实践技能、创意设计能力，并使其能承担和完成实际项目。

本丛书改变了传统教材以理论为重的讲授方法，从实例出发，以实践为主线，突出实战经验和技巧传授，以大量操作案例覆盖技能点讲解，于读者而言，容易理解，便于掌握，能有效提升实用技能。

3. 教学内容新颖、实用，创意设计与项目实操并行

本丛书既讲解了互联网 UI 设计师所必备的专业知识和技能（如 Photoshop、Illustrator、After Effects、Cinema 4D、Axure、PxCook 等工具的应用，网站配色与布局，移动端 UI 设计规范等），也介绍了行业的前沿知识与理念（如网络营销基本常识、符合 SEO 标准的网站设计、登录页设计优化、电商网站设计、店铺装修设计、用户体验与交互设计）。本丛书一方面通过基本功训练和优秀作品赏析，使读者能够具备一定的创意思维；另一方面提供了涵盖电商、金融、教育、旅游、游戏等诸多行业的商业项目，使读者在项目实操中，了解流程和规范，提升业务能力，并发挥自己的创意才能。

4. 可拓展的互联网知识库和学习社区

读者可配合使用课工场 App 进行二维码扫描，观看配套视频的理论讲解和案例操作等。同时，课工场官网开辟教材专区，提供配套素材下载。此外，课工场也为读者提供了体系化的学习路径、丰富的在线学习资源以及活跃的学习交流社区，欢迎广大读者进入学习。

## ➡ 读者对象

- ☐ 各类院校及培训机构的老师及学生。
- ☐ 希望提升自己、紧跟时代步伐的传统美工人员。
- ☐ 没有任何软件基础的跨行从业者。
- ☐ 初入 UI 设计行业的新人。

## ➡ 致谢

本丛书由课工场"互联网 UI 设计师"教研团队组织编写。课工场是北京大学旗下专注于互联网人才培养的高端教育品牌。作为国内互联网人才教育生态系统的构建者，课工场依托北京大学优质的教育资源，重构职业教育生态体系，以读者为本，以企业为基，为读者提供高端、实用的教学内容。在此，感谢每一位参与互联网 UI 设计师课程开发的工作人员，感谢所有关注和支持互联网 UI 设计师课程的人员。

感谢您阅读本丛书，希望本丛书能成为您踏上 UI 设计之旅的好伙伴！

"互联网 UI 设计师系列"丛书编委会

# 前　言

《Photoshop UI 设计案例教程》是专门为用户界面（User Interface, UI）设计初学者量身打造的一本 UI 设计学习用书，旨在帮助读者掌握 Photoshop 软件的基本操作，同时掌握 UI 设计中常用的理论知识与设计技巧。

## ◆ 本书设计思路

本书共 9 章，全面讲解了 Photoshop 中的常用功能及命令的基本操作、移动 UI 及网页 UI 设计案例实战、UI 设计的相关理论知识、UI 设计常用技巧与方法等。

第 1 章：讲解了 UI 设计行业概况、Photoshop 在 UI 设计中的应用等理论知识，Photoshop 的基本操作，UI 设计的常用单位、常用分辨率、颜色模式及常见配色技巧等相关概念。

第 2 章：讲解了选区的基本概念、选区的基本操作，套索工具、多边形套索工具、磁性套索工具、魔棒工具与快速选择工具的使用方法。

第 3 章：讲解了图层的合并、盖印、分布、对齐等基本操作，像素图层、智能对象、形状图层与文字图层的相关概念，光影与色彩类图层样式的使用方法。

第 4 章：讲解了亮度 / 对比度、色阶、色相 / 饱和度、色彩平衡等常用调整图层的使用方法，组合模式组与色彩模式组、加深模式组与减淡模式组、对比模式组与比较模式组等混合模式的原理及应用。

第 5 章：讲解了渐变工具、画笔工具等常用绘画工具的使用方法，文字图层的类型、字符和段落面板的使用方法。

第 6 章：讲解了图层蒙版、矢量蒙版、剪贴蒙版及通道的基本原理与基本操作。

第 7 章：讲解了形状工具的绘图模式和基本操作，路径的编辑及钢笔工具的应用。

第 8 章：讲解了滤镜的基本原理和操作，滤镜库中常用滤镜的应用，风格化与扭曲滤镜组、模糊与锐化滤镜组等常用滤镜组的应用。

第 9 章：以私厨手机 App 项目为例，讲解了启动图标、功能图标、首页、提交订单页面、服务保障页面的制作过程。

## ◆ 各章结构

**本章目标**：将每章知识点按照了解、熟悉、掌握和运用归纳为 4 个层次，帮助读者区分内容的重要程度。

**本章简介**：以实际工作中经常遇到的设计任务为切入点，简要描述本章将要学习的内容及其应用。

**技术内容**：详细讲解工作中常用的工具及命令，并以此为核心技能点设计相应的案例，帮助读者掌握核心技能点在实际工作中的应用。

**本章小结**：按照本章的叙述顺序，从前往后简要归纳本章知识点中的重点与难点。

**课堂练习与课后练习**：以本章（不包括第 9 章）中所讲述的核心技能点为导向，设计相应的练习案例，检验读者对重要知识点的理解和掌握情况。

### ⏺▶ 本书特色

（1）零基础入门级讲解

本书从零开始，深入浅出地讲解 Photoshop 软件中常用工具及命令的基本操作，并结合实际案例展示工具及命令的应用场景，达到"学以致用，用以促学"的目的。

（2）实用精美的 UI 设计案例

本书以图标设计、网页界面设计、手机 App 界面设计、字体设计作为范例，帮助读者快速熟悉软件的操作，巩固 UI 设计的理论基础。

（3）海量资源轻松拥有

本书提供了演示案例中使用的素材文件及效果图、配套的教学 PPT 和对应的教学视频。

（4）在线视频高效学习

本书提供了便捷的学习体验，读者可以直接访问课工场官网教材专区下载书中所需的案例素材，也可扫描二维码观看书中配套的视频。

本书由课工场"互联网 UI 设计师"教研团队编写，参与编写的还有雷琳、甘忆、顾绮芳、陈颖、汤飞飞、骆霞权等院校老师及行业专家。尽管编者在写作过程中力求准确、完善，但书中不妥之处仍在所难免，殷切希望广大读者批评指正！

# 智慧教材使用方法

由课工场"大数据""云计算""全栈开发""互联网 UI 设计""互联网营销"等教研团队编写的系列教材，配合课工场 App 及在线平台的技术内容更新快、教学内容丰富、教学服务反馈及时等特点，结合二维码、在线社区、教材平台等多种信息化资源获取方式，形成独特的"互联网 +"形态——智慧教材。

智慧教材为读者提供专业的学习路径规划和引导，读者还可体验在线视频学习指导，按如下步骤操作可以获取案例代码、作业素材及答案、项目源码、技术文档等教材配套资源。

1. **下载并安装课工场 App**

（1）方式一：访问网址 www.ekgc.cn/app，根据手机系统选择对应课工场 App 安装，如图 1 所示。

图 1　课工场 App

（2）方式二：在手机应用商店中搜索"课工场"，下载并安装对应 App，如图 2、图 3 所示。

图 2　iPhone 版手机应用下载

图 3　Android 版手机应用下载

### 2. 获取教材配套资源

登录课工场 App，注册个人账号，使用课工场 App 扫描书中二维码，获取教材配套资源，依照图 4 至图 6 所示的步骤操作即可。

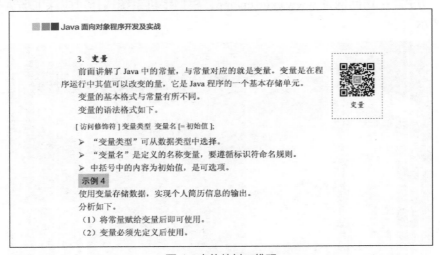

图 4　定位教材二维码

### 3. 获取专属的定制化扩展资源

（1）普通读者请访问 http://www.ekgc.cn/bbs 的"教材专区"版块，获取教材所需开发工具、教材中示例素材及代码、上机练习素材及源码、作业素材及参考答案、项目素材及参考答案等资源（注：图 7 所示网站会根据需求有所改版，此图仅供参考）。

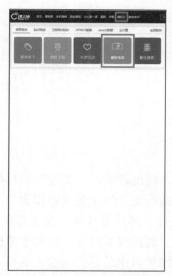

图 5　使用课工场 App "扫一扫" 扫描二维码　　图 6　使用课工场 App 免费观看教材配套视频

图 7　从社区获取教材资源

（2）高校老师请添加高校服务 QQ 号 1934786863，获取教材所
需开发工具、教材中示例素材及代码、上机练习素材及源码、作业
素材及参考答案、项目素材及参考答案、教材配套及扩展 PPT、PPT
配套素材及代码、教材配套线上视频等资源。

高校服务 QQ

# 关于引用作品的版权声明

# 目　　录

# 第 1 章

# Photoshop UI 设计快速入门

## 【本章目标】

○ 了解 UI 设计的概念、UI 行业的就业前景、UI 设计师需具备的能力、UI 设计的流行趋势等基本知识，熟悉 Photoshop 在 UI 设计中的应用。

○ 熟悉 Photoshop 的工作界面，掌握文件的打开与保存、文档比例的缩放、图层的自由变换等基本操作。

○ 运用画布大小及图像大小等常用命令进行手机 App 页面的适配。

○ 熟悉 UI 设计中的常用单位、常用分辨率、颜色模式等相关概念，运用 UI 设计中常用的配色方法对手机 App 页面进行配色处理。

## 【本章简介】

目前市场上常见的用户界面（User Interface，UI）包括手机界面、台式机界面、平板电脑界面、智能手表界面和电视屏幕等。UI 设计的工作内容是对用户界面中各类应用的视觉效果、人机交互、操作逻辑进行设计，包括视觉设计、交互设计与用户体验设计 3 个方面。

视觉设计主要是对应用界面中的图形图标样式、界面色彩等方面进行设计；交互设计主要是对应用的操作流程、操作规范、操作方式及信息架构等方面进行设计；用户体验设计主要是关注目标用户的群体特征，建立用户任务模型与心理模型，设定用户角色等。

Photoshop 作为从事 UI 设计工作必须掌握的工具，在视觉设计及交互设计中具有举足轻重的地位。本章围绕 UI 设计，详细讲述 UI 设计行业的概况、Photoshop 的基本操作，以及与 UI 设计相关的术语概念。

## 1.1 初识 UI 设计

### 1.1.1 UI 设计行业概述

#### 1. UI 设计行业现状

Photoshop 就业
前景及安装与卸载

在互联网＋时代，各行各业都在以不同的方式完善其发展模式，在紧跟时代发展的同时，希望通过互联网来拓宽领域，提升其市场竞争力。人们对互联网产品交互和外观审美的要求不断提高，更期待用户体验的不断改善。UI 设计作为互联网＋时代的"表现层"，已成为企业极为关注的产品核心，各行业对 UI 设计人才的需求也发生了新的变化。

据 2022 年上半年统计的 UI 设计师招聘信息显示，UI 设计师岗位呈全行业覆盖态势，就业前景十分广阔，图 1-1 所示为 UI 设计师所涉及的行业领域。此外，各企业对于 UI 设计师的要求随着互联网的高速发展也在逐步提高，具备多技能、具有创意思维的高端设计人才更具竞争力，图 1-2 所示为一个优秀设计师所具备的能力。

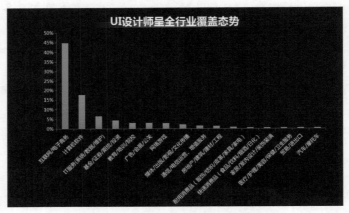

图 1-1　UI 设计师涉及的行业领域

图 1-2　优秀设计师能力图谱

#### 2. UI 设计师能力模型

纵观百度（Baidu）、阿里巴巴（Alibaba）、腾讯（Tencent）等大型互联网企业的招聘信息可知：目前国内对 UI 设计师的能力要求主要体现在视觉设计能力、用户调研能力、持续学习能力、交互设计能力等方面。其中，视觉设计能力被视为 UI 设计师的核心竞争力，视觉设计工作也是 UI 设计师日常的主要工作。目前，大部分互联网企业对 UI 设计师的任职要求主要包括 4 个方面。

（1）视觉工作。负责 UI 产品从立项到迭代的整体视觉设计工作，跟踪设计实现效果并提出优化方案，落实日常运营活动的 UI 设计支持工作，把控 UI 产品的视觉方向并建立产品设计流程与设计规范。

（2）调研工作。参与 UI 产品讨论，与产品经理、开发工程师协作，开展具有前瞻性的产品预研设计和用户研究。

（3）学习深造。持续关注与分析设计趋势，分享设计经验，促进团队设计能力提升，扩大团队的行业影响力。

（4）交互工作。梳理 UI 产品的交互逻辑与操作流程，输出相应的产品原型图。

### 3. UI 设计流行趋势

UI 设计受时代变迁、用户审美、地域文化、硬件设备等因素的影响，其流行趋势呈动态变化。所谓动态变化，即设计的流行风格在汲取以往设计风格精华的基础上呈渐进式的优化与演变。

自 UI 设计行业诞生以来，移动终端的界面风格主要经历了 3 次大规模的演变：非智能手机时代的像素风格、智能手机刚诞生时的拟物风格和智能手机普及后备受青睐的扁平风格。

（1）像素风格。像素风格的广泛应用主要是因为 20 世纪末非智能手机屏幕分辨率普遍较低，用户通过肉眼就可以明显看到屏幕中的像素格。图 1-3 所示为诺基亚开机时的界面，界面中的文字有明显的颗粒感。

（2）拟物风格。拟物风格早在智能手机诞生前就已经存在于各大非智能手机界面，图 1-4 所示为非智能手机中的拟物风格图标。以 iPhone 4 为代表的智能手机诞生后，为保证用户能够快速识别不同图标的含义，苹果公司 iOS 负责人斯科特·福斯特尔（Scott Forstall）将拟物风格发扬光大。图 1-5 所示为 iPhone 4 拟物风格界面。

（3）扁平风格。扁平风格的概念于 2008 年由谷歌公司提出，微软公司将其称为 "authentically digital"。扁平风格最终风靡全球得益于苹果公司的大力推广。苹果公司作为 UI 设计的时尚风向标，在其 iOS 7 系统中启用了扁平风格，顺应了越来越多样化的屏幕适配需求。图 1-6 所示为苹果 iOS 7 中的扁平风格界面。

图 1-3　诺基亚像素风格界面

图 1-4　非智能手机中的拟物风格图标

图 1-5　iPhone 4 拟物风格界面

图 1-6　iOS 7 扁平风格界面

### 1.1.2 Photoshop 在 UI 设计中的应用

Photoshop 由著名桌面软件公司 Adobe Systems Incorporated 出品。Adobe 是著名的图形图像与排版软件生产商，旗下的设计软件还包括 Illustrator、InDesign、After Effects、Flash、Experience Design 等。

Photoshop 的应用领域

UI 设计工作非常庞杂，需要 UI 设计师掌握全面的技能以满足企业的各类设计需求。一般情况下，UI 设计师需要掌握的常用设计软件包括 Photoshop、Illustrator、After Effects、Axure、MindManager 等。图 1-7 所示为 UI 设计中常用的各类软件。

Photoshop    Illustrator    After Effects    Axure    MindManager

图 1-7　UI 设计常用软件

在 UI 设计工作中，Photoshop 是各类设计软件中使用频率较高的工具，作为 UI 设计师必须掌握的设计软件广泛应用于 UI 设计的各个领域，如图标与图形设计、原型与界面设计、插画与计算机图形（Computer Graphics，CG）设计、图像合成与精修等。

#### 1. 图标与图形设计

在图标与图形基本轮廓的绘制方面，Photoshop 中提供了强大的矢量工具与布尔运算功能，UI 设计师可根据创作需求，绘制规则或自由形态的图标与图形，如图 1-8 所示。在图标与图形的光影、质感、纹理设计方面，Photoshop 具有丰富的图层样式与图层混合模式，利用它，UI 设计师可模拟出现实世界中的各类物体，如图 1-9 所示。

图 1-8　图标与图形基本轮廓的绘制

图 1-9　拟物图标的设计过程

#### 2. 原型与界面设计

在设计网页界面或移动端界面时，UI 设计师需要事先规划好界面中各个模块与功能的布局，确保应用的操作流程符合逻辑，这些仅由黑白灰色块构成的简易页面即为原型图，如图 1-10 所示。UI 设计师可借助 Photoshop 绘制网页及移动端界面的原型图，方便指导后期的视觉设计工作。

（a）原型设计

（b）界面设计

图 1-10　原型与界面设计

### 3．插画与 CG 设计

Photoshop 支持 Wacom、Bamboo 等品牌手绘板的应用。Photoshop 中形态各异的画笔工具通过压杆可感知设计师运笔的力度，绘制出流畅的线条与形状。UI 设计师借助 Photoshop 中的画笔工具，可自由创作商业插画及 CG 人物、场景、道具等美术资源，如图 1-11 所示。

### 4．图像合成与精修

Photoshop 是一款强大的数字图像处理软件，能胜任图像合成、图像精修、图像校色、图像格式转换等图像编辑工作，帮助 UI 设计师快速实现天马行空的图像创意设计。图 1-12 所示为精修前后的模特图像，精修后的模特肌肤明显更干净、明亮。

图 1-11　CG 设计

图 1-12　人像精修对比

## 1.2　Photoshop 的基本操作

### 1.2.1　Photoshop 的工作界面

Photoshop 作为一款享誉全球的 UI 设计软件，在世界的每个角落均有广泛的使用人群，这得益于 Photoshop 人性化的工作界面。Photoshop 的工作界面在布局方面与大部分办公软件十分相似，降低

Photoshop 工作界面及
设置工作区

了初学者的学习难度。图 1-13 所示为 Photoshop 的工作界面。

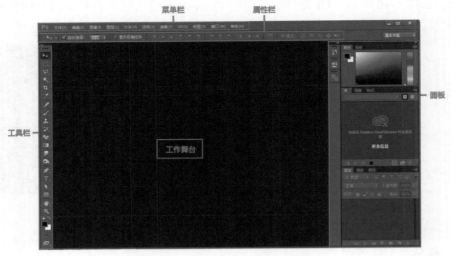

图 1-13　Photoshop 的工作界面

目前，Adobe 官方每年会对旗下产品进行一次版本迭代升级，并以年份为代号对新版本进行命名。自 Photoshop CS 5 发布以来，其工作界面没有发生过非常大的变动。但是自 Photoshop CC 2017 发布后，Photoshop 每次启动后所展示的工作界面并非如图 1-13 所示。图 1-14 所示为 Photoshop CC 2019 的"主页"屏幕，不同版本的"主页"屏幕有所不同。如果已经使用 Photoshop 打开过相应文档，在"主页"屏幕下方还会罗列出最近使用项，如图 1-15 所示。

图 1-14　Photoshop CC 2019"主页"屏幕

用户可通过执行菜单栏中的"编辑"→"首选项"→"常规"命令，勾选"停用'主页'屏幕"复选框，避免 Photoshop 启动后弹出"主页"屏幕，如图 1-16 所示。

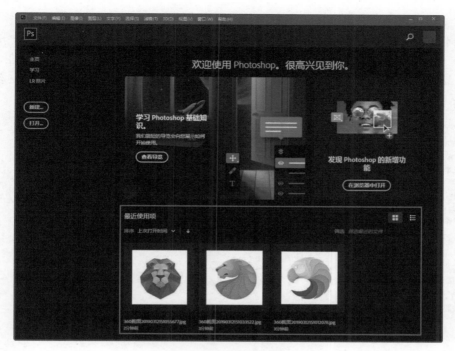

图 1-15　最近使用项

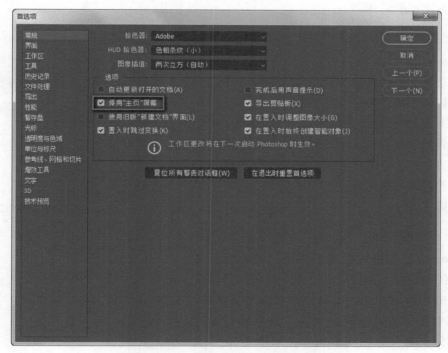

图 1-16　勾选"停用'主页'屏幕"复选框

## 1. 菜单栏

Photoshop 的菜单栏横向排列于工作界面的顶部，包括文件、编辑、图像、图层、文字等常用菜单，每个菜单中包含了同类型的操作命令。图 1-17 所示为"图像"菜单中的命令，常用命令右侧显示了该命令对应的快捷键。

操作时可以使用 Photoshop 中默认的快捷键，也可以执行菜单栏中的"编辑"→"键盘快捷键"命令，自定义 Photoshop 中的快捷键。图 1-18 所示为在"水平翻转"命令右侧按 Shift+Ctrl+. 组合键并单击"确定"按钮，可将 Shift+Ctrl+. 组合键定义为"水平翻转"的快捷键。

图 1-17 "图像"菜单

图 1-18 自定义快捷键

### 2. 工具栏

Photoshop 的工具栏位于工作界面的左侧，默认状态下工具栏为单列显示，设计师可通过单击工具栏顶部的■■按钮将工具栏设置为双列显示，如图 1-19 所示。工具栏中的工具分为两种：单个工具与工具箱。单个工具只有一个工具，如缩放工具；工具箱的右下角有一个小三角形，单击工具箱后按住鼠标左键，即可显示工具箱中的其他工具。

### 3. 属性栏

Photoshop 的属性栏位于菜单栏的下方。属性栏中的属性并不是固定的，而是会跟随工具栏中工具的切换而变化。工具处于可使用状态时，属性栏中显示的属性即为当前工具的属性。当然，部分工具没有相应的属性，如图 1-20 所示的转换点工具。

### 4. 面板

面板位于工作界面的右侧。Photoshop 中的面板较多，如"颜色"面板、"调整"面板、"样式"

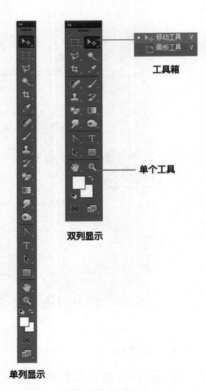
图 1-19 工具栏

图 1-20　属性栏

面板、"图层"面板、"通道"面板、"路径"面板等。

（1）显示隐藏面板。在 Photoshop 默认的"基本功能"界面中，隐藏了部分不常用的面板，设计师可通过菜单栏中的"窗口"菜单调出隐藏的面板，如"直方图"面板、"时间轴"面板、"信息"面板等。

（2）调整面板位置。将鼠标指针移动至面板名称上方，长按鼠标左键并移动鼠标位置，即可将面板从原有位置拖曳出来，改变其位置。

（3）调整面板大小。将鼠标指针移动至面板边缘，当鼠标指针变成双箭头形状时，长按鼠标左键拖曳即可调整面板的宽度与高度。

（4）恢复默认界面。面板的显示与隐藏、位置与大小的调整等操作都会导致工作界面的混乱，设计师可通过执行菜单栏中的"窗口"→"工作区"→"基本功能"命令，将工作界面恢复至默认的布局。

## 1.2.2　Photoshop 的文件操作

### 1. 文件的打开与查看

Photoshop 中提供了多种文件的打开方式，设计师可根据自身的使用习惯在 Photoshop 中打开文件。

图像的编辑与辅助工具

（1）可以通过以下 3 种方式打开文件：①执行菜单栏中的"文件"→"打开"命令，或直接按 Ctrl+O 组合键，在弹出的"打开"对话框中选择需要打开的文件，单击"打开"按钮即可打开文件，如图 1-21 所示；②执行"文件"→"打开为"命令，或按 Ctrl+Shift+Alt+O 组合键，同样可以将文件打开；③执行菜单栏中的"文件"→"打开为智能对象"命令打开文件。以上 3 种打开方式大同小异。

（2）执行菜单栏中的"文件"→"在 Bridge 中浏览"命令，或按 Ctrl+Alt+O 组合键，可以在 Bridge 中打开文件。但是使用此方式打开文件，需要保证 Adobe Creative Cloud 组件的完整性，图 1-22 所示为 Adobe Creative Cloud 组件缺失或损坏警告。

图 1-21　"打开"对话框

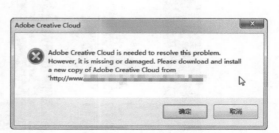

图 1-22　缺失或损坏警告

（3）选中需要打开的文件，按住鼠标左键，将文件拖曳至 Photoshop 工作舞台空白处，然后释放鼠标左键，可在 Photoshop 中将文件打开。拖曳是所有打开方式中最为便捷的，同时也是大部分设计软件打开文件的方式。

图 1-23　图像定界框

通过拖曳方式置入图像后，图像边缘会出现一个定界框，如图 1-23 所示。可以单击属性栏中的"提交变换"按钮☑或按 Enter 键，取消图像边缘的定界框。

当在 Photoshop 中同时打开了多个文件时，Photoshop 工作舞台只显示最新打开的文件，其他文件则以选项卡的形式暂时隐藏，如图 1-24 所示。可以单击选项卡来切换显示不同的文件。

如果要同时观察多个已打开的文件，可将鼠标指针移至选项卡，按住鼠标左键将文件拖曳出来，如图 1-25 所示。也可以按住鼠标左键，将已经拖曳出来的文件移至选项卡处，当工作舞台边缘出现蓝色提示框时，释放鼠标左键即可将文件镶嵌到选项卡中。单击选项卡右侧的"关闭"按钮，即可关闭当前文件。

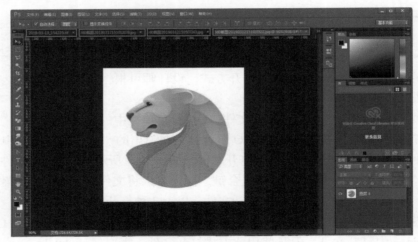

图 1-24　文件选项卡

图 1-25　同时查看多个文件

### 2. 文档的新建与版本切换

（1）文档的新建。执行菜单栏中的"文件"→"打开"命令将文件打开，每个文件将以一个文档的形式存在。有时候需要在同一个文档中同时置入多个文件，此时需要先新建一个存放文件的文档。可以执行菜单栏中的"文件"→"新建"命令或直接按 Ctrl+N 组合键，新建一个文档。图 1-26 所示为"新建"对话框。文档建好后，可通过拖曳的方式，将多个文件同时置入同一文档中。

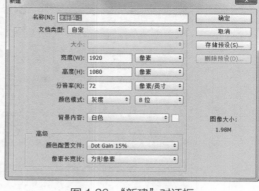

图 1-26　"新建"对话框

（2）"新建文档"对话框的版本。Photoshop 更新至 Photoshop CC 2017 后，"新建文档"对话框一般直接出现在"主页"屏幕中，需要先新建文档，才能打开文件，且"新建文档"对话框的外观有所改变。图 1-27 所示为 Photoshop CC 2019 的"新建文档"对话框。Photoshop CC 2019 将文档类型扩大显示，可以直接选择相应的文档类型，不必手动设置文档的参数。

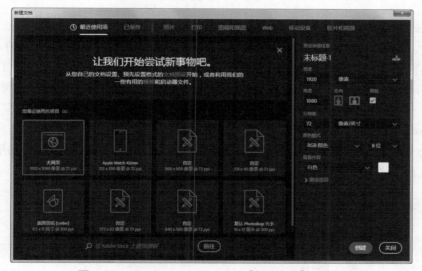

图 1-27　Photoshop CC 2019"新建文档"对话框

（3）切换"新建文档"对话框的版本。如果不习惯新版本的外观及操作方式，可执行菜单栏中的"编辑"→"首选项"→"常规"命令或按 Ctrl+K 组合键，在弹出的"首选项"对话框中，勾选"使用旧版'新建文档'界面"复选框，即可将其外观恢复至旧版本。勾选"停用'主页'屏幕"复选框，可跳过先新建文档后打开文件的步骤，如图 1-28 所示。

### 3. 文件的保存与导出

（1）文件的保存。在 Photoshop 中对打开的文件进行编辑后，需要对所有的操作进行保存。可执行菜单栏中的"文件"→"存储"命令或按 Ctrl+S 组合键，对文件进行保存。

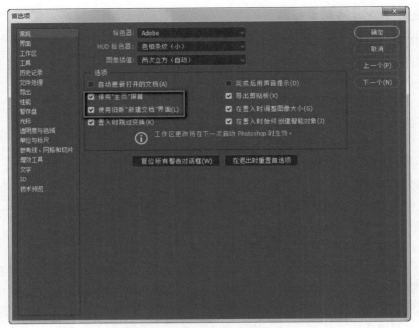

图 1-28　恢复旧版本

通过此方式保存的文件，其原有的文件格式不会发生变化。

　　此外，还可以执行菜单栏中的"文件"→"存储为"命令或按 Ctrl+Shift+S 组合键对文件进行保存。使用此方式保存文件，可自行选择保存文件的格式，如图 1-29 所示。可以在弹出的"另存为"对话框中，选择保存的路径、修改保存的名称、选择保存的文件类型。

　　Photoshop 支持 PSD、EPS、PNG、JPEG 等文件格式。其中，PSD 文件格式是 Photoshop 默认的文件格式，它可以保留文件中所有的图层、蒙版、路径、图层样式等。一般情况下将源文件保存为 PSD 文件格式，方便后期对文件进行反复修改。

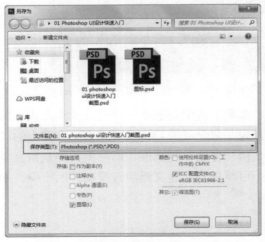

（a）"另存为"对话框　　　　　　（b）可保存的文件格式

图 1-29　文件的保存

（2）文件的导出。**Photoshop** 提供了多种文件导出的类型，可执行菜单栏中的"文件"→"导出"命令，选择相应的导出类型。其类型包括快速导出为 SVG、导出为、存储为 Web 所用格式（旧版）、将图层导出到文件等。

在 UI 设计中，一般将图像导出为图片的格式。UI 设计中较为常用的图片格式包括 PNG 与 JPEG。其中 PNG 格式支持 24 位图像，并且能获得无锯齿的透明背景；JPEG 格式是联合国图像专家组开发的文件格式，对图像具有较好的压缩效果。

## 1.2.3　Photoshop 的图像编辑

### 1. 文档比例的缩放

Photoshop 工作界面的下方，会显示当前文档的缩放比例及文档占用的存储空间，如图 1-30 所示。为了更清晰地观察工作舞台中的图像，可以输入文档的缩放比例，调整工作舞台

图 1-30　文档参数

中图像的缩放比例，也可以按 Ctrl++ 组合键或 Ctrl+− 组合键，达到相同的效果。

输入文档的缩放比例让图像放大或缩小，只是改变图像的显示范围，与现实生活中使用放大镜观察物体相类似，并没有改变物体本身所占物理空间的大小，如图 1-31 所示。

（a）100% 比例显示效果　　　　　　　　　　（b）200% 比例显示效果

图 1-31　文档的不同缩放比例

### 2. 图像大小与画布大小的调整

（1）图像大小的调整。可以执行菜单栏中的"图像"→"图像大小"命令，或按 Ctrl+Alt+I 组合键，在弹出的"图像大小"对话框中设置图像大小。

输入相应的宽度、高度及分辨率参数值，可以调整图像的大小，如图 1-32 所示。但是要注意宽度与高度左侧约束图像缩放比例的关联器，若关联器处于按下状态，那么图像的宽度与高度将等比缩放。另外，还可以通过"调整为"中的预设将图像大小定义为目前主流的屏幕分辨率大小。与缩放文档比例不同，通过当前方式调整图像，图像所占的存储空间会发生变化。

（2）画布大小的调整。新建文档后，有时候需要改变文档的尺寸，即改变画布的大小。此时可以执行菜单栏中的"图像"→"画布大小"命令，或按 Ctrl+Alt+I 组合键，在弹出的"画布大小"对话框中调整画布尺寸。在"画布大小"对话框中，可以重新设置画布的宽度与高度、画布的显示单位，如图 1-33 所示。另外，还可以定位画布缩放

的中心点。默认状态下以画布的几何中心为中心点进行缩放，也可以将缩放中心点定义在画布的左上角或左下角等其余 8 个位置。

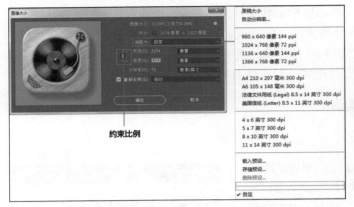

约束比例

图 1-32 "图像大小"对话框

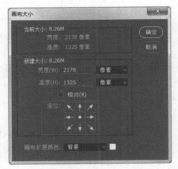

图 1-33 "画布大小"对话框

此外，还可以通过工具栏中的裁剪工具 对画布大小进行重新设置。将鼠标指针移至工具栏中的裁剪工具并单击，此时裁剪工具处于被选中状态，画布的边缘出现定界框。将鼠标指针移至定界框边缘，当鼠标指针变为黑色双箭头时，按住鼠标左键并移动鼠标位置，可改变画布大小。图 1-34 所示为画布调整前后画布大小的改变。

（a）调整前

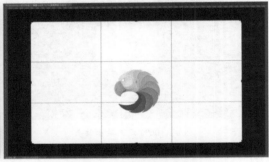

（b）调整后

图 1-34 画布大小的调整

### 3. 图像的自由变换

图像置入 Photoshop 中的文档后，经常需要对其大小、位置、角度等属性进行调整。虽然执行"图像大小"命令可以改变图像的尺寸，但是需要通过输入数值来调整其大小，这种方式的效率比较低，且每次调整后，同一文档中所有图像的大小均发生改变。此时可以执行"自由变换"命令仅对需要调整的图像进行处理。

（1）图像的缩放。执行菜单栏中的"编辑"→"自由变换"命令或按 Ctrl+T 组合键，显示出图像的定界框。此时将鼠标指针移动至定界框 4 个角的控制点，当鼠标指针变成黑色双箭头时，按住鼠标左键并拖曳鼠标，可以任意调整图像的大小，如图 1-35 所示。

如果在拖曳鼠标前，先按住 Shift 键，然后再对图像进行缩放，则可以等比缩放图像。先按住 Shift+Alt 组合键，然后拖曳控制点，可以沿着图像中心点缩放图像。但是要注意，

Photoshop 的最新版本 Photoshop CC 2019，在等比缩放图像时无须按 Shift 键，直接拖曳定界框边缘控制点即可。

（2）图像的旋转。按 Ctrl+T 组合键，将图像置于自由变换状态，并将鼠标指针移动至定界框的 4 个顶点，当鼠标指针变成弧线状黑色双箭头后，按住鼠标左键并拖曳鼠标，可对图像进行任意角度的旋转，如图 1-36 所示。配合按 Shift 键，则每移动一次鼠标，图像旋转 15°。

（a）原图　　（b）任意旋转

图 1-35　图像的缩放　　　　　　　图 1-36　图像的旋转

除此以外，当图像处于自由变换状态后，在工作区域单击鼠标右键，在弹出的快捷菜单中可将图像一次性旋转 180°、顺时针或逆时针旋转 90°，如图 1-37 所示。此旋转效果仅对执行"自由变换"命令的图像起作用。

注意要将"自由变换"命令与菜单栏中的"图像"→"图像旋转"命令（见图 1-38）区分开。"图像旋转"命令中同样存在快速旋转选项，但是执行该命令后，画布及画布中所有图像将同时发生旋转。图 1-39 所示为执行逆时针 90 度命令后，画布及画布中所有图像同时逆时针旋转 90°。

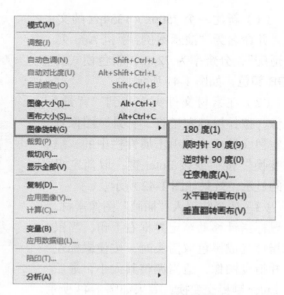

图 1-37　"自由变换"命令中的图像旋转选项　　　　图 1-38　"图像"菜单栏中的"图像旋转"命令

（a）旋转前　　　　　　　（b）旋转后

图 1-39　菜单下的图像旋转效果

### 1.2.4　演示案例：手机 App 页面适配

【素材位置】素材 / 第 1 章 /01 演示案例：手机 App 页面适配。

手机 App 页面适配完成效果如图 1-40 所示。

同 一 款 App 往 往 需 要 在 iOS、Android 等多个系统中进行适配，以保证不同系统、不同屏幕尺寸的用户都能获得最佳的视觉效果，避免出现文字、按钮、图片超出页面边缘的情况。

手机 App 引导页适配步骤如下。

#### 1.　制作 iOS 系统页面

（1）新建一个 750px × 1334px 的文档，并命名为"演示案例：手机 App 页面适配"，分辨率为 72ppi，颜色模式为RGB 颜色，如图 1-41 所示。

（2）在素材文件夹中找到"背景"图像，按住鼠标左键将"背景"图像置入空白文档中，并单击属性栏中的"提交变换"按钮或按 Enter 键，取消定界框的显示，效果如图 1-42 所示。

（3）选择并置入"插画"图像素材，将鼠标指针移动至定界框右上角，当鼠标指针变成黑色双箭头时，按住鼠标左键并拖曳图像，适当调整其大小，最后按 Enter 键提交变换，效果如图 1-43 所示。

（a）750px × 1334px　　（b）720px × 1280px

图 1-40　手机 App 页面适配效果

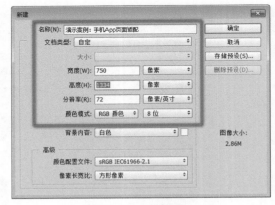

图 1-41　文档设置

（4）置入"文字"及"图标"图像，并根据黄金分割比例适当调整其位置，完成效果如图 1-44 所示。

图 1-42　置入背景

图 1-43　置入插画

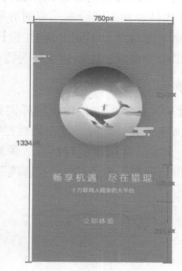

图 1-44　完整页面效果

### 2．制作 Android 系统页面

（1）执行菜单栏中的"图像"→"图像大小"命令，将 iOS 系统的页面适配为 Android 系统页面。在弹出的"图像大小"对话框中，将宽度设置为 720px，具体参数设置如图 1-45 所示。

（2）单击宽度与高度属性前的关联按钮，取消约束宽高比，并将高度设置为 1280px，具体参数设置如图 1-46 所示。

图 1-45　宽度参数设置

图 1-46　高度参数设置

17

## 1.3 UI 设计的相关概念

### 1.3.1 UI 设计的常用单位

#### 1. 文档单位

在 Photoshop 中新建文档时，可以设置文档宽度与高度的单位，包括像素、英寸、厘米、毫米、点等单位，如图 1-47 所示。

由于 UI 设计作品需要在计算机、手机等设备中进行展示，这些常用设备的屏幕以像素为单位，为保证 UI 设计作品能在不同设备、不同屏幕间完

图 1-47　文档单位

美适配，避免由于度量单位不同出现 UI 设计作品拉伸变形、模糊不清等情况，UI 设计中常用的设计单位为像素，在新建文档时需保证文档的单位为像素。

#### 2. 文字单位

在 UI 设计中，文字的度量单位同样需要设置为像素。将鼠标指针移至文字工具 T 并单击，选中文字工具。此时，可在属性栏中查看当前文档中文字的度量单位 。在 Photoshop 中，文字的常用单位包括点、像素和毫米。执行菜单栏中的"编辑"→"首选项"→"单位与标尺"命令，在"首选项"对话框中可以设置文档中文字的度量单位，如图 1-48 所示。

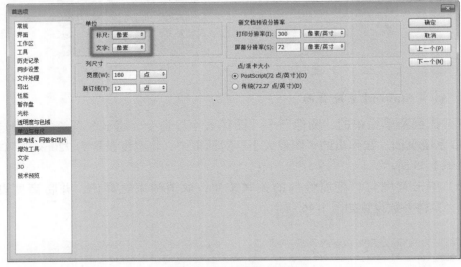

图 1-48　"首选项"对话框

#### 3. 标尺单位

在 UI 设计中，为规范页面的边距、元素的行距等距离，需要借助标尺工具建立参考线。

标尺的显示与隐藏，可执行菜单栏中的"视图"→"标尺"命令或按 Ctrl+R 组合

键进行切换，如图 1-49 所示。将鼠标指针移至垂直或水平标尺附近，按住鼠标左键并向右或向下拖曳鼠标，可拖曳出垂直或水平的参考线。将鼠标指针移至参考线附近，当鼠标指针变成黑色双箭头时，可移动参考线的位置。若参考线移动的位置超出当前工作舞台的范围，参考线将被删除。

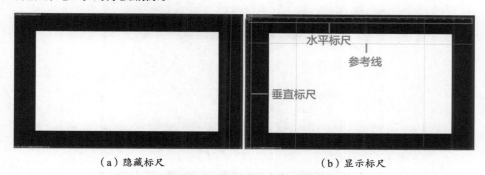

（a）隐藏标尺　　　　　　　　（b）显示标尺

图 1-49　标尺的显示与隐藏

设计师可以通过"首选项"对话框设置标尺的度量单位，标尺的度量单位包括像素、英寸、厘米、毫米和百分比等。此外，还可以在标尺上单击鼠标右键，在弹出的快捷菜单中选择标尺的度量单位，如图 1-50 所示。

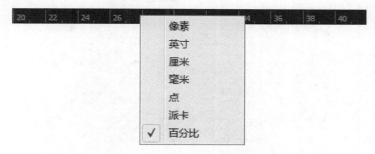

图 1-50　标尺单位的选择

## 1.3.2　UI 设计的常用分辨率

### 1．分辨率的概念

分辨率（Image Resolution）又被翻译为"解像度"和"解析度"，泛指测量或显示系统对细节的分辨能力。在新建文档时，需要设置文档分辨率的大小及单位，如图 1-51 所示。在 Photoshop 中，分辨率的度量单位包括"像素 / 英寸"和"像素 / 厘米"（1 英寸 =2.54 厘米）。"像素 / 英寸"是指每英寸的长度范围内所包含的像素数量，相同长度范围内的像素数量越多，图像的清晰度越高。

将 Photoshop 中的文字放大显示后发现，文字由一个个方格子组成，即像素格，如图 1-52 所示。像素是组成图像的最小元素，像素与英寸、厘米等绝对长度单位不同，它是一个相对长度单位，即其本身没有固定的大小，可在"新建"对话框中设置像素的长宽比，如图 1-53 所示。一般情况下，像素的长宽比为 1 ：1，即方形像素。

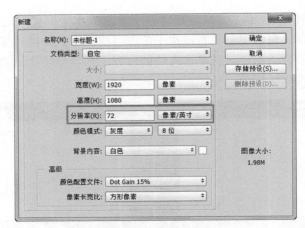

图 1-51　分辨率的设置

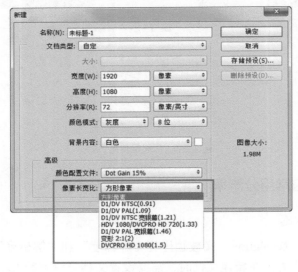

图 1-53　像素长宽比的设置

### 2. 72ppi 的由来

在 UI 设计中，文档的分辨率一般设置为 72 像素 / 英寸，即 72ppi。72 像素 / 英寸的广泛应用，最早源于苹果公司在 Mac 机中开发图形界面时所设定的标准。当时的 Mac 机的屏幕一般为 14 英寸，即屏幕的对角线长度为 14 英寸；屏幕比例为 4 : 3，即屏幕宽度为 11.2 英寸，高度为 8.4 英寸，如图 1-54 所示。

若规定 1 英寸 =73 像素，那么 14 英寸屏幕中对角线的像素数量超过 1000 个；若规定 1 英寸 =71 像素，那么 14 英寸屏幕中对角线的像素数量不足 1000 个。

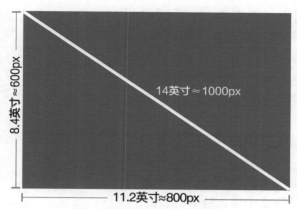

图 1-54　早期 Mac 机的屏幕尺寸

因此苹果公司规定：在每英寸的长度范围内放置的像素数量为 72 个，给只有相对单位长度的像素赋予了真实的物理长度，即 1 英寸 =72 像素。72 像素 / 英寸 ×14 英寸 =1008 像素，所以对角线的像素数量为 1008 个，约为 1000 个。同理可计算出宽度像素数量为 806 个，约为 800 个，高度像素数量为 604 个，约为 600 个。所以早期的 Mac 机图形界面设计多以 800px×600px 作为标准。

### 1.3.3　UI 设计的颜色模式

#### 1. RGB 颜色模式的概念

颜色模式，是指将某种颜色表现为数字形式的模型，即记录图像颜色的方式。Photoshop 支持位图、灰度、RGB 颜色、CMYK 颜色和 Lab 颜色等多种颜色模式。由于电视机、计算机、手机等电子设备的屏幕都是基于 RGB 颜色模式来创建颜色的，所以 UI 设计中一般以 RGB 颜色作为常用的颜色模式，以此记录颜色信息。

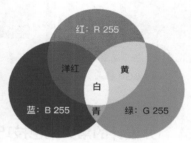

白（R:255，G:255，B:255）

图 1-55　光的三基色

RGB 颜色，是指光的三基色：红色（Red）、绿色（Green）、蓝色 (Blue)。RGB 颜色模式是指通过光的三基色混合组成其他颜色的颜色模式，如图 1-55 所示。红光、绿光与蓝光混合后能构成白光。

#### 2. 颜色模式的设置

（1）菜单栏中的颜色模式。新建文档时可以设置文档的颜色模式，如图 1-53 所示。新建文档后，还可以执行菜单栏中的"图像"→"模式"命令重新设置文档的颜色模式，如图 1-56 所示。

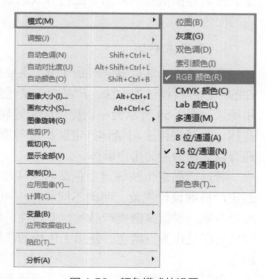

图 1-56　颜色模式的设置

（2）拾色器中的颜色模式。在 UI 设计中，一般通过拾色器选取颜色。拾色器位于工具栏中，分为前景色与背景色。默认状态下，前景色为黑色，背景色为白色，单击前景色或背景色按钮可弹出相应的拾色器对话框。

单击拾色器中的颜色，可选取同一色相中不同饱和度与明度的色彩，移动中间的滑块可更改当前对话框中的色相，另外还可以在不同颜色模式中输入精确的数值，拾取需要的色彩，如图 1-57 所示。

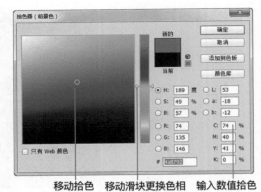

移动拾色　移动滑块更换色相　输入数值拾色

图 1-57　"拾色器（前景色）"对话框

拾色器记录颜色的模式包括 RGB 模式、HSB 模式和 Lab 模式，如图 1-58 所示。其中，RGB 模式与 HSB 模式是较为常用的拾色模式。

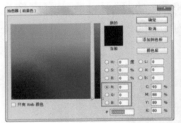

（a）RGB 模式　　　　　（b）HSB 模式　　　　　（c）Lab 模式

图 1-58　拾色器的颜色模式

### 1.3.4　UI 设计的常见配色技巧

配色设计是 UI 视觉设计中十分重要的环节，配色不仅影响界面的视觉效果，甚至还会影响界面信息的展示。配色方式非常多样，本小节主要介绍 UI 设计中 3 种较为常用的配色技巧。

#### 1. 产品定位法

产品定位法是指根据产品气质与主要用户群体的定位，选择符合产品特征及行业属性的颜色进行设计的方法。产品定位法适用于确定界面的整体色调、明确各种颜色的应用场景。图 1-59 所示为一款提供服装定制服务的 App 界面。这款 App 主要服务于男性群体，为其提供上门量体、定制搭配等服务，所以 App 界面以藏青色作为主色调，以迎合以男性为主的用户群体。

通过产品定位法确定主色调后，往往还需要确定界面中的辅色、背景色与点睛色，制定严格的设计规范，明确不同颜色应用的场景。图 1-60 所示为一款金融产品 App 的配色方案。根据金融类产品的行业属性，使用青色作为主色调，使用与主色反差较大的橙色与红色作为点睛色，使用无色相的浅灰色作为背景色，使用白色和较深的灰色作为辅色。

由于文字、按钮及图标是界面中的重要构成元素，所以在制定配色规范时，除了要对主色、辅色等重要颜色作出规定以外，有时还有必要对文字、按钮及图标的不同显示状态的色彩进行详细说明。

图 1-59　服装定制 App 界面

图 1-60　金融产品 App 配色规范

## 2．HSB 模式法

（1）色彩属性的概念。HSB 模式法是指利用色彩的 3 个基本属性为界面元素进行配色的方法。这种方法适合运用在图标、按钮、引导页等的背景配色上。任何色彩都具有 3 个基本属性：色相（Hue，H）、饱和度（Saturation，S）、明度（Brightness，B）。色相是指颜色所呈现的质地面貌，如红色、黄色、绿色等；饱和度是指色彩的彩度或鲜艳程度，如玫瑰红色比朱红色要鲜艳；明度可以理解为色彩的亮度，如深红色、浅红色等。

（2）色彩属性的运用。在为界面中一组图标进行配色时，为保证所有图标在视觉效果上的统一，可将图标背景色的饱和度与明度搭配得相仿。

当为 3 个水果图标的背景进行配色时，设计师可在拾色器中先确定背景色分别为橙黄色、粉红色与果绿色，如图 1-61 所示。然后在拾色器的 S 与 B 属性后输入相近的数值，以保证图标背景色的饱和度与明度统一。由图可知，当 3 个背景色的饱和度取值范围在 70%～82%、明度取值范围在 68%～87% 时，整体显得和谐统一；当饱和度取值范围在 56%～82%、明度取值范围在 29%～97% 时，3 个图标视觉效果不统一。

当然，要统一图标的视觉效果，明度与饱和度的取值范围并非一定要完全相同。不同的色彩的显示效果除受其本身属性影响以外，还受到光照、材质等条件的影响，所以设计师在配色时要灵活变通。

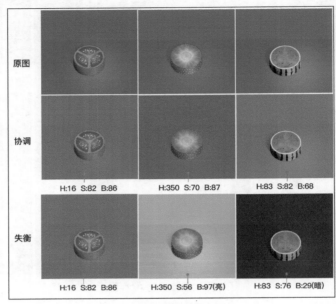

图 1-61　水果图标配色

### 3.　禁区配色法

禁区配色法是指尽量不用或少用拾色器中禁忌区域中的色彩进行配色的方法。这种方法能在一定程度上保证配色时不会造成十分明显的失误。

3 个拾色器中的红色区域为配色的禁区，常见的配色禁区包括矩形禁区、三角形禁区和扇形禁区，如图 1-62 所示。由此可见，配色的禁区不是一成不变的，而是有所变化的。虽然 3 者的范围有所不同，但有一个共同的区域：右下角区域。

（a）矩形禁区　　　　　　　　（b）三角形禁区　　　　　　　　（c）扇形禁区

图 1-62　配色禁区

实际设计中一般较少使用禁区中的色彩，主要是由于禁区色彩的饱和度与明度较低，在界面或元素中大面积运用，容易导致界面或元素暗沉、不干净。使用扇形禁区内的墨绿色作为背景色时，卡片显得灰暗，缺乏活力；使用扇形禁区外的果绿色作为背景色时，色彩饱和度与明度有了适当提高，更具视觉冲击力，更能勾起用户的食欲，如图 1-63 所示。

使用扇形禁区内的颜色

使用扇形禁区外的颜色

图 1-63　扇形禁区配色效果

## 1.3.5　演示案例：水果图标背景配色

【素材位置】素材 / 第 1 章 /02 演示案例：水果图标背景配色。

水果图标背景配色完成效果如图 1-64 所示。

图 1-64　水果图标背景配色

　　配色设计既是一门科学，又是一门艺术。根据本节介绍的 HSB 模式法对水果图标进行配色，应尽量避免使用禁区的色彩作为图标的背景色，配色时力求科学、严谨。同时要根据图标本身的色彩特点，灵活调整背景色的饱和度与明度，以达到最佳的效果。

　　注意，本案例为配色设计案例，配色时切忌使用吸管工具吸取效果图中的色彩，应通过自身观察进行配色，培养敏锐的色觉。

水果图标背景配色设计步骤如下。

（1）新建一个 1334px × 750px 的横向文档，分辨率为 72ppi，颜色模式为 RGB 颜色，命名为"演示案例：水果图标背景配色"，如图 1-65 所示。

图 1-65　文档参数设置

（2）将素材包中米黄色的背景图层置入文档中，适当调整背景的大小与位置，效果如图 1-66 所示。

图 1-66　置入背景

（3）将鼠标指针移至工具栏的自定义形状工具上并单击，在工具箱中选择矩形工具■。将鼠标指针移至工作舞台中，按住鼠标左键并拖曳鼠标，绘制出一个矩形，效果如图 1-67 所示。

（4）在"图层"面板中双击"矩形 1"前的缩略图，在弹出的"拾色器（纯色）"对话框中，选择一个与雪梨颜色相近的颜色，具体数值可与图中有所区别（参考值为 H:56，S:90，B:83），单击"确定"按钮，完成对"矩形 1"颜色的更改，步骤如图 1-68 所示。

图 1-67　绘制矩形

（a）双击缩略图

（b）选择颜色

（c）效果

图 1-68　更改矩形颜色

（5）选中"矩形 1"图层，按 Ctrl+J 组合键，对"矩形 1"进行复制，得到"矩形 1 拷贝"图层，使用移动工具 调整图层的位置，效果如图 1-69 所示。

（a）复制矩形

（b）移动对齐矩形

图 1-69　复制图层

（6）按住 Ctrl 键，选中"图层"面板中的"矩形 1"与"矩形 1 拷贝"两个图层，按 Ctrl+J 组合键，再次复制并对齐图层。通过多次复制后得到 6 个完全等大的矩形，效果如图 1-70 所示。

图 1-70　多次复制图层

　　（7）双击"图层"面板中每个矩形图层前的缩略图，在弹出的"拾色器（纯色）"对话框中调整矩形的色彩。在拾色器中选取颜色时，尽量选择与水果色相相同的色彩。保证 6 个矩形的色彩饱和度与明度大致相仿，效果如图 1-71 所示。

　　（8）最后将素材包中的水果图标置入文档中，适当调整图标的位置与大小，效果如图 1-64 所示。

图 1-71　矩形配色效果

## 课堂练习：制作水果 App 引导页

　　【素材位置】素材 / 第 1 章 /03 课堂练习：制作水果 App 引导页。

　　根据本章介绍的 3 种配色技巧，完成水果 App 引导页的背景配色设计，完成效果如图 1-72 所示，具体制作要求如下。

　　（1）文档规范。文档尺寸为 1280px × 720px，分辨率为 72ppi，颜色模式为 RGB 颜色。

　　（2）配色要求。最终呈现的配色方案可以与效果图有所不同，但需保证 4 个页面的明度与饱和度大体一致。

　　（3）配色工具。使用拾色器进行配色，禁止使用吸管工具吸取效果图中的色彩。

图 1-72　水果 App 引导页

## 本章小结

　　本章为帮助 UI 设计初学者快速入门，简要讲解了 UI 设计的概念、UI 行业的就业前景、UI 设计师需具备的能力、UI 设计的流行趋势和 Photoshop 在 UI 设计中的应用范畴等基本知识。

　　本章的重点是对 Photoshop 工作界面的掌握，初学者需要熟悉 Photoshop 中文件的打开与保存、文档比例的缩放、图层的自由变换等基本操作，掌握手机 App 页面适配的方法。

　　本章的另一个重点是对 UI 设计相关概念的理解与记忆，读者需要牢记 UI 设计中的常用单位、常用分辨率、颜色模式等相关概念。灵活运用产品定位法、HSB 模式法和禁区配色法进行配色是本章的难点，读者需要多做配色练习，以提高自身的色觉敏锐度。

## 课后练习：制作抽奖 App 页面

　　【素材位置】素材 / 第 1 章 /04 课后练习：制作抽奖 App 页面。

　　综合运用本章所介绍的手机 App 页面适配方法与配色技巧，完成抽奖页面的制作，完成效果如图 1-73 所示，具体制作要求如下。

　　（1）文档规范。要求页面的分辨率为 72ppi，颜色模式为 RGB 颜色，页面适配前的尺寸为 750px×1334px；适配后的页面尺寸为 720px×1280px。

　　（2）页面元素。使用圆角矩形工具绘制九宫格背景，置入素材包中所有的图片元素，保证无遗漏。

（3）配色要求。每个格子的颜色可以与效果图有所区别，但需保证所有格子的背景色在明度与饱和度上大致相同。

　（a）750px × 1334px　　　　　　　　　（b）720px × 1280px

图 1-73　抽奖页面

# 第 2 章

# 选区在 UI 设计中的应用

【本章目标】

○ 了解选区的基本概念，掌握 Photoshop 中常用的矩形选框工具和椭圆选框工具的使用方法。

○ 掌握选区创建、样式设置、羽化、移动、全选、反选、取消选择、重新选择、隐藏与显示等基本操作。

○ 掌握选区的 4 种运算方式：新建选区、添加到选区、从选区减去和与选区交叉。

○ 掌握魔棒工具与快速选择工具的使用方法。

○ 掌握套索工具、多边形套索工具和磁性套索工具的使用方法。

【本章简介】

　　Photoshop 是一款位图图像设计软件，所谓位图，是指由一个个像素色块组成的图片。将原图放大，可以发现紫色小球是由许多个明暗程度不同的紫色色块组成的，如图 2-1 所示。在图像设计过程中，经常需要对位图图像进行抠图处理，以去除图像中原有的背景。

　　在抠图时，往往需要借助 Photoshop 中的抠图工具。利用抠图工具，可以选择位图图像中的像素色块，进而将需要的图像与背景分离。本章围绕抠图工具在 UI 设计中的应用详细讲解选区的基本概念，选区的基本操作，选区的布尔运算，快速选择工具、魔棒工具和套索工具等抠图工具的操作方法。

（a）原图　　　　　　　　（b）原图放大

图 2-1　位图图像

## 2.1 选区

### 2.1.1 选区概述

选区是 Photoshop 中一个非常重要的概念。在 UI 设计过程中，选区可应用于抠图、绘图、图边距定位等设计场景。所谓选区，是指使用 Photoshop 中的选框工具绘制出来的控制区域。如橙子边缘环绕的虚线所围成的区域，即为当前图像的选区，如图 2-2 所示。选区边缘的虚线酷似一队头尾相接爬动的蚂蚁，因此也将选区的虚线称为"蚂蚁线"。

选区的概念及
基本操作

选区分为两部分：选区内和选区外。选区内是指当前图像正处于被控状态的区域，可对其进行填色、与背景分离等编辑操作。选区外是指当前图像中不受控制的区域。图 2-2 所示的图像中大面积的黄色背景区域即为选区外。

图 2-2 选区

选框工具是 Photoshop 中的常用工具，位于 Photoshop 工作界面的工具栏中，如图 2-3 所示。按 M 键可快速切换至选框工具。在工具图标上单击鼠标右键，可选择选框工具箱中的其他选框工具。选框工具箱包含 4 种选框工具：矩形选框工具、椭圆选框工具、单行选框工具和单列选框工具。UI 设计过程中较为常用的选框工具是矩形选框工具与椭圆选框工具。

图 2-3 选框工具箱

当从其他工具切换至选框工具时，Photoshop 工作界面中的属性栏也随之变为选框工具的属性栏，如图 2-4 所示。

图 2-4 选框工具属性栏

## 2.1.2　选区的基本操作

### 1. 选区的创建

（1）常规选区的创建与信息查看。切换至选框工具，选择矩形选框工具，按住鼠标左键，在 Photoshop 的工作舞台中拖曳出一个长方形选区。在向右下的拖曳过程中，未释放鼠标左键时，选区右下角会自动显示当前所绘制选区的宽度与高度。拖曳所得选区的宽度（Width，W）为 347 像素，高度（Height，H）为 185 像素，如图 2-5 所示。

当释放鼠标左键后，选区右下角的提示将自动消失。可执行菜单栏中的"窗口"→"信息"命令或按 F8 键，调出"信息"面板，如图 2-6 所示。在"信息"面板中可查看当前选区的相关参数。

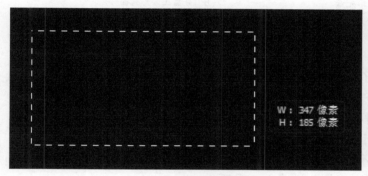

图 2-5　选区的创建　　　　　　　　图 2-6　"信息"面板

（2）圆形选区及正方形选区的绘制。在 UI 设计过程中，经常需要绘制圆形选区及正方形选区。在抠取圆形光盘及正方形封面的图像时，需要先在图像上绘制出圆形或正方形的选区，如图 2-7 所示。正方形选区可使用矩形选框工具进行绘制，在拖曳选区时，按住 Shift 键即可。同理，圆形选区可使用椭圆选框工具进行绘制，在拖曳选区时，也需要按住 Shift 键。

（a）圆形选区　　　　　　　　（b）正方形选区

图 2-7　圆形选区及正方形选区

（3）选区图像从原图层分离。保证工具处于选框工具状态下，在画布中单击鼠标右键，在弹出的快捷菜单中执行"通过拷贝的图层"命令，或按 Ctrl+J 组合键，可将选区范围内的图像从原图层中分离出来，进而得到背景透明的图像，如图 2-8 所示。

（a）分离圆形光盘　　　　　　　（b）分离正方形封面

图 2-8　抠图

### 2．选区的样式设置

在 Photoshop 中，提供了 3 种选区样式：正常、固定比例、固定大小。切换至选框工具，在选框工具的属性栏中可自由切换选区的样式，如图 2-9 所示。

（1）正常。Photoshop 默认的样式为"正常"，在"正常"样式下，可以绘制大小不同、形态各异的选区。

（2）固定比例。在"固定比例"样式下，需要先设置选区宽度与高度的比例，然后再绘制选区，所绘制选区的比例将按照设置进行呈现。若使用椭圆选框工具绘制选区，且设置宽度与高度的比例为 1∶1，那么绘制的选区为圆形选区。

（a）正常

（b）固定比例

（c）固定大小

图 2-9　选区的样式

（3）固定大小。在"固定大小"样式下，可根据绘制任务的需求，设定选区的宽度与高度，单位为像素。

### 3．选区的羽化

所谓羽化，是指对图像的边缘进行模糊过渡处理，使其边缘更为柔和。图 2-10 所示的原图为正方形，在原图上绘制圆形选区时，直接执行"通过拷贝的图层"命令会得到中间的圆形头像，圆形头像的边缘十分生硬。最右侧的圆形头像是先设置了选区羽化参数，然后再执行"通过拷贝的图层"命令得到的，其边缘过渡十分自然、柔和。

（a）原图　　　　　　　（b）圆形选区　　　　　　　（c）圆形选区羽化

图 2-10　选区的羽化

羽化选区可通过属性栏或菜单栏中的"羽化"命令实现。

（1）通过属性栏羽化选区。通过属性栏羽化选区时，需要注意各步骤的先后顺序。首先切换至选框工具，然后在属性栏中设置羽化参数，最后绘制出选区，此时绘制的选区的边缘会自动带有圆角效果。将选区移到图像上，选中图像，按 Ctrl+J 组合键复制图像，效果如图 2-11 所示。

（a）矩形选区自带圆角　　　　　　　　（b）移动选区　　　　　　　　　（c）复制图像

图 2-11　通过属性栏羽化选区

（2）通过菜单栏羽化选区。通过菜单栏对选区进行羽化时，可以先绘制好选区，然后执行菜单栏中的"选择"→"修改"→"羽化"命令，或按 Shift+F6 组合键，在弹出的"羽化选区"对话框中设置相应的羽化参数。单击"确定"按钮后，选区的原有 4 个角会自动变成圆角。将选区移到图像上，选中图像，按 Ctrl+J 组合键复制图像，效果如图 2-12 所示。

（a）未羽化　　　（b）"羽化选区"对话框　　　（c）羽化后　　　（d）移动选区　　　（e）复制图像

图 2-12　通过菜单栏羽化选区

利用选框工具绘制选区前，需检查属性栏中羽化参数的设置情况，若属性栏中已设置羽化参数，那么所绘制的选区必然存在羽化效果。一般情况下，绘制所得羽化选区的控制区域比实际绘制的选区小。出现选区突然缩小的现象，则表明属性栏中设置了羽化参数。

在实际工作中经常会遇到羽化参数过大导致选区无法绘制的情况。当 Photoshop 中弹出图 2-13 所示的警告时，即表明属性栏中的羽化参数设置过大，图像被羽化后不能正常显示，此时将羽化参数减小即可。

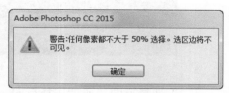

图 2-13　羽化参数过大

### 4. 选区的移动

移动选区时须确保工具处于选框工具状态，且选区的运算方式为新建选区。鼠标指针移到选区中并变为白色箭头时，可对选区进行移动。图 2-14 所示的左图对应的工具处于选框工具状态██，且选区的运算方式为新建选区，当移动礼盒选区时，如向右移动，礼盒图像不会被破坏。右图对应的工具处于移动工具状态，该状态下直接移动选区，选区和选区内的图像将被同时移动，礼盒图像的位置发生移动。

（a）选框工具下移动选区　　　　　　　　（b）移动工具下移动选区

图 2-14　选区的移动

在 Photoshop 中，除了绘制完选区后可以对其进行移动外，在绘制选区的过程中，若不释放鼠标左键并按住键盘上的空格键，同样可以实现选区的移动。

5. 选区的选择

（1）全选。在选中"图层"面板中相应图层的前提下，执行菜单栏中的"选择"→"全部"命令或按 Ctrl+A 组合键，可将图像整体载入选区。图像整体载入选区后，整个图像边缘会出现"蚂蚁线"，如图 2-15 所示。

图 2-15　全选

（2）选择反向。所谓选择反向，是指选择图像当前未被选择的区域，此区域与图像当前正处于选择状态的区域恰好"相反"。图 2-16 所示的左图中字体边缘布满"蚂蚁线"，代表当前图像被选择的区域为字体。右图中在背景的内外边缘上布满了"蚂蚁线"，所以当前图像被选择的区域为背景。

在 Photoshop 中，当工具处于选框工具状态时，执行菜单栏中的"选择"→"反选"命令或按 Ctrl+Shift+I 组合键，可将图像的选择区域来回切换。

（a）选择字体

（b）选择反向

图 2-16　选择反向

（3）取消选择。在 Photoshop 中，当图像的局部区域正处于被选择状态时，则当前文档中只有选区可被编辑。需要编辑其他区域时，要先取消对选区的选择和控制，该操作可执行菜单栏中的"选择"→"取消选择"命令或按 Ctrl+D 组合键实现。

（4）重新选择。当取消对图像局部区域的选择后，可执行菜单栏中的"选择"→"重新选择"命令或按 Ctrl+Shift+D 组合键，将上一步操作中的选区再次载入。

### 6. 选区的显示与隐藏

在图像的局部区域中载入选区后，选区边缘的"蚂蚁线"有时会妨碍当前操作，所以需要对选区边缘的"蚂蚁线"进行隐藏处理。对图像中的人物衣服进行上色时，衣服边缘区域较小，为避免"蚂蚁线"干扰视线，可将其隐藏，如图 2-17 所示。

（a）上色前

（b）上色后

图 2-17　隐藏"蚂蚁线"

在 Photoshop 中，隐藏"蚂蚁线"可通过执行菜单栏中的"视图"→"显示额外内容"命令或按 Ctrl+H 组合键实现。重新显示"蚂蚁线"只需重复执行一次以上命令即可。

在设计过程中须区分选区的隐藏与取消命令。二者都可以将"蚂蚁线"从当前文档中"抹去"。但是选区的隐藏命令只是将"蚂蚁线"隐藏，选区依然存在；选区的取消命令则会使选区不复存在。

## 2.1.3　选区的布尔运算

在 UI 设计过程中，往往需要绘制复杂的选区，此时，仅通过矩形选框工具或椭圆选框工具，无法绘制出不规则的选区范围。可以使用椭圆选框工具选择左侧的唱片，使用矩形选框工具选择右侧的礼盒，如图 2-18 所示。但是，在新建选区状态下，无法同时选择两个图形。此时，需要借助 Photoshop 中的布尔运算命令，以同时选择当前的两个图形。

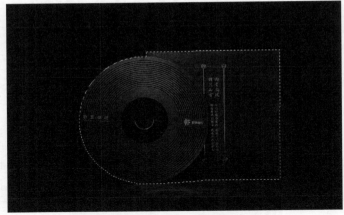

图 2-18　复杂选区

Photoshop 中提供了 4 种选区运算方式：新建选区、添加到选区、从选区减去、与选区交叉。4 种运算方式位于选框工具的属性栏中，如图 2-19 所示。切换至选框工具时，属性栏中即呈现 4 种运算方式。

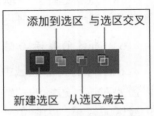

图 2-19　选区运算方式

（1）新建选区。当鼠标指针形状为 ÷ 时，选区运算方式处于新建选区状态。在新建选区状态下，同一文档中只能新建一个选区。当文档中已经存在选区时，若再新建一个选区，那么已存在的选区会自动消失。

（2）添加到选区。当鼠标指针形状为 ÷ 时，选区运算方式处于添加到选区状态。所谓添加到选区，是指将两个选区进行相加，两个选区的形状、大小可以完全不同，选区之间可以相互交叉，也可以没有交叉。当两个选区交叉时，既保留两个选区不重叠的部分，又保留两个区域重叠的部分。图 2-20（b）所示的选区，是一个长方形选区与 4 个椭圆选区相加后得到的。

（3）从选区减去。当鼠标指针形状为 ÷ 时，选区运算方式处于从选区减去状态。所谓从选区减去，是指用后绘制的选区减去先绘制的选区，减去的区域为两个选区的交叉部分。图 2-20（c）所示的选区，是一个长方形选区与 4 个椭圆选区相减后得到的。

（4）与选区交叉。当鼠标指针形状为 ÷ 时，选区运算方式处于与选区交叉状态。所谓与选区交叉，是指将两个选区进行运算，最终保留两个选区重叠的部分。

（a）选区位置　　　　　　　　（b）添加到选区　　　　　　　（c）从选区减去

图 2-20　选区的运算

## 2.1.4 演示案例：绘制天气 App 图标

【素材位置】素材 / 第 2 章 /01 演示案例：绘制天气 App 图标。

天气 App 图标绘制效果如图 2-21 所示。

图 2-21 天气 App 图标效果

天气 App 图标绘制步骤如下。

### 1. 文档设置

（1）按 Ctrl+N 组合键，新建一个 1024px × 1024px 的文档，分辨率为 72ppi，颜色模式为 RGB 颜色，命名为"天气 App 图标"，文档设置如图 2-22 所示。

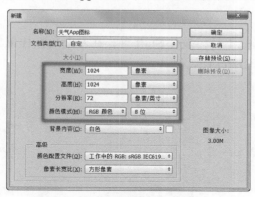

图 2-22 文档设置

（2）单击"图层"面板中的"创建新图层"按钮，创建"图层 1"图层，如图 2-23 所示。

（3）单击工具栏中拾色器 ■ 的前景色按钮，在弹出的"拾色器（前景色）"对话框中选择青色，单击"确定"按钮，将黑色改为青色，如图 2-24 所示。按 Alt+Delete 组合键，将新的空白图层填充为青色，填充效果如图 2-25

（a）单击按钮

（b）新建"图层 1"

图 2-23 创建新图层

所示。注意，按组合键时先按 Alt 键，在不释放 Alt 键的前提下再按 Delete 键，以避免先按 Delete 键把新图层删除。

（a）移动滑块　　　　　　　　（b）移至青色区域　　　　　　（c）选择青色单击"确定"按钮

图 2-24　改变前景色

图 2-25　填充图层

### 2．绘制太阳

（1）切换至椭圆选框工具，按住 Shift 键，在左上角按住鼠标左键并拖曳鼠标以绘制一个圆形选区，如图 2-26 所示。

图 2-26　绘制圆形选区

（2）新建一个空白图层，并通过拾色器将其前景色修改为黄色，然后将新图层填充为黄色。按 Ctrl+D 组合键可取消圆形选区，绘制过程如图 2-27 所示。

（a）新建图层

（b）选择黄色

（c）填充黄色

（d）画布效果

图 2-27　绘制太阳

### 3．绘制白云

（1）切换至矩形选框工具，在画布中绘制一个长方形选区，效果如图 2-28 所示。

（2）切换至椭圆选框工具，并在属性栏中将椭圆选框工具的运算方式设置为"添加到选区"。按住 Shift 键，在长方形选区的左侧绘制一个圆形选区，并将其与长方形选区相加。绘制过程中，在未释放鼠标左键与 Shift 键的前提下，按住空格键可移动选区。最后，将圆形选区下方与长方形选区的左下角对齐，效果如图 2-29 所示。

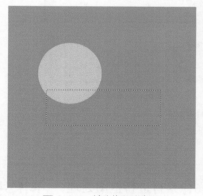

图 2-28　绘制矩形选区

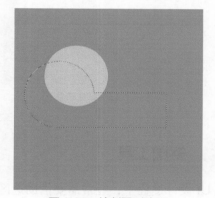

图 2-29　绘制圆形选区

（3）在绘制完第一个选区后，采用相似的流程绘制另外两个圆形选区，绘制过程如图 2-30 所示。

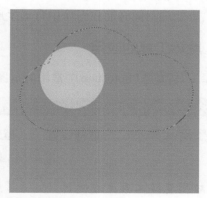

图 2-30　绘制其他圆形选区

（4）新建一个空白图层，将前景色设置为白色，将选区填充为白色，效果如图 2-31

所示。最后切换至移动工具，将白云图层向下移动，效果如图 2-32 所示。

（a）创建图层　　　　　　　（b）选择白色　　　　　　　（c）填充颜色

图 2-31　绘制白云

（a）位置调整前　　　　　　（b）位置调整后

图 2-32　调整位置

## 2.2　抠图工具

在 UI 设计过程中，经常需要借助选区对图像素材进行抠图处理，去除其原有背景，以获得背景透明的素材。将这类素材进行合成即可达到所需要的视觉效果。下面将详细讲解在 UI 设计过程中常用的智能选区工具（抠图工具）：魔棒工具、快速选择工具和套索工具。应用这些工具处理图像时能在图像中自动生成选区，抠图效率非常高。

基本选择工具

### 2.2.1　魔棒工具的应用

魔棒工具 是 Photoshop 中常用的抠图工具之一，图 2-33 所示为魔棒工具的属性栏。

工具预设　运算方式　　取样设置　　容差　消除锯齿　连续　图层取样　调整边缘

图 2-33　魔棒工具属性栏

#### 1. 应用魔棒工具生成选区

切换至魔棒工具，在图像中的黑色区域单击，图像中会自动生成选区，如图 2-34 所示。观察图中的"蚂蚁线"可知，图像中的黑色区域被选中，成为图像当前的选区，而图标部分未被选中。魔棒工具在图像中生成的选区是不规则的选区，应用魔棒工具生成选区的原理是根据图像中色彩的色相、饱和度和明度等颜色信息对与之相似的像素格进行选择。

图 2-34　应用魔棒工具生成选区

### 2. 魔棒工具的布尔运算

魔棒工具的运算方式共有 4 种：新建选区、添加到选区、从选区中减去、与选区交叉。当图像中的颜色种类较少，且需要抠取的素材颜色与图像中的背景颜色相差较大时，应用魔棒工具可以快速创建出精准的选区。当图像中颜色信息较为复杂时，需要借助魔棒工具的布尔运算逐步确定选区。

要抠取图 2-35 所示图标中的小狗，先切换至魔棒工具，在小狗的脸部单击，Photoshop 将自动生成一个选区，由于小狗脸部的颜色种类较多，所以生成的选区十分混乱，如图 2-35 左侧图所示。因此，使用魔棒工具抠图（生成选区）时应尽量选择颜色较为单一的区域。

在图 2-35 中，可以将小狗图标的背景作为选区。首先选择背景中的一个区域，并将属性栏中的运算方式切换至"添加到选区" ■。单击将图标中其余的背景逐一添加至选区，按 Delete 键对背景进行删除。同理，使用魔棒工具逐步选择图标的边框。如果使用魔棒工具生成选区不方便，还可以切换至选框工具，利用椭圆选框工具与矩形选框工具生成更为精准的选区。当选择出错，如把小狗的脸部纳入了选区时，可以将魔棒工具的运算方式切换至"从选区减去" ■，将多选的区域删除。最后，按 Delete 键将图标的边框删除。

（a）选区混乱　　（b）选择背景　　（c）扩大选区　　（d）删除背景　　（e）选择边框　　（f）最终效果

图 2-35　魔棒工具的布尔运算

### 3. 选区的容差

所谓容差，是指容许选区的颜色有偏差。在抠取图 2-38 所示的模特时，需将图的背景作为选区。单击图中的取样点，当容差值为默认值 32 时，模特裤子中有较多区域被纳入了选区，选区较大且不够精准。若将容差值设置为 10，再次单击图中同一取样点，此时模特的裤子基本上没有被选择到，选区较小且较为精准。

由此可见，魔棒工具的容差值越大，容许选区颜色的偏差越大，可以选择到的选区更大；容差值越小，容许选区颜色的偏差越小，可以选择到的选区越小。在实际工作中，并非容差值越小越好。在图 2-36 中，若将模特作为选区，此时，模特的裤子与鞋子都应该被纳入选区。裤子相对偏灰，鞋子偏黑，若容差值太小，Photoshop 将会把鞋子与裤子的颜色当作两种颜色进行识别，如此便无法将两者同时纳入一个选区。所以，容差值要根据实际的应用场景进行灵活设置。

（a）原图　　　　　　　（b）容差值：32　　　　　　（c）容差值：10

图 2-36　选区的容差

### 4．选区的连续

在抠图过程中，经常会遇到在同一图像中有多个区域需要被纳入选区，但是这些区域被未选中区域隔断，进而出现了选区不连续的情况。在图 2-37 所示的原图的取样点中单击一次，若勾选属性栏中的"连续"复选框 □连续，则只能选择到扇叶内侧空白的上半部分，其他空白区域无法被选择到。若不勾选属性栏中的"连续"复选框 ☑连续，则全部空白区域被一次性纳入选区。

（a）原图　　　　（b）勾选"连续"复选框　　　（c）不勾选"连续"复选框

图 2-37　选区的连续

## 2.2.2　快速选择工具的应用

快速选择工具与魔棒工具位于工具栏中的同一工具箱中，按 W 键可切换至快速选择工具，图 2-38 所示为快速选择工具的属性栏。

工具预设　运算方式　画笔　　图层取样　　增强　　调整边缘

图 2-38　快速选择工具的属性栏

**1. 快速选择工具的属性栏**

快速选择工具与魔棒工具的应用方法十分相似，在图像上单击即可建立选区。快速选择工具的布尔运算方式有 3 种：新建选区、添加到选区和从选区减去。当运算状态为新建选区时，按住 Shift 键，可将运算状态切换至添加到选区。按住 Alt 键，可将运算状态切换至从选区减去。要注意，上述两个按键同样适用于选框工具与魔棒工具的布尔运算。

**2. 快速选择工具的画笔**

使用魔棒工具进行抠图时，经常会遇到要选择的范围比魔棒还小，即使放大画布仍然难以精准选择的情况。快速选择工具比魔棒工具更为人性化的设置是其可以灵活设置画笔的大小。

（1）画笔大小的调整。单击属性栏中的画笔 ，即可在画笔面板中输入参数或拖曳控制条设置画笔的大小，如图 2-39 所示。另外，也可以在英文输入法状态下，按左中括号键"["缩小画笔，按右中括号键"]"放大画笔。

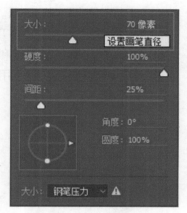

要注意的是，须保证输入法已切换至美式键盘。在中文输入法状态下，使用键盘上的按键缩放画笔大小有时会出现按键失效的现象，Photoshop 中的其他按键亦然。

（2）画笔大小对选区的影响。切换至快速选择工具，在原图取样点中单击一次。若画笔大小为 15 像素，则选择到的区域较小；若画笔大小为 65 像素，则一次性选择到的区域较大，如图 2-40 所示。

图 2-39　画笔大小的设置

由此可知，快速选择工具的画笔越大，选择到的区域越大，进而可以提高选择的效率。反之，快速选择工具的画笔越小，选择到的区域越小，进而可以选择到更精准的图像区域。但在抠图过程中，并不是画笔越大越好，应根据应用场景设定画笔的大小，在一些拐角区域、较小的封闭区域，应当适当缩小画笔以便选择到更为精准的图像区域。

（a）原图　　　　　　（b）画笔大小：15 像素　　　　（c）画笔大小：65 像素

图 2-40　画笔大小对选区的影响

### 2.2.3 套索工具的应用

套索工具也是抠图过程中常用的工具之一，按 L 键可快速切换至套索工具。套索工具箱中共有 3 个工具：套索工具、多边形套索工具和磁性套索工具，如图 2-41 所示。

图 2-41 套索工具箱

#### 1. 套索工具

套索工具 ⟨⟩ 的属性栏与魔棒工具、选框工具的属性栏十分相似，此处不赘述。应用套索工具可以快速建立自由的选区。先在图像中单击，然后按住鼠标左键并拖曳鼠标可以在图像中绘制出任意路径，当路径首尾相连时释放鼠标左键，路径所围成的形状将自动变成选区，如图 2-42 所示。

若路径首尾未连接时松开鼠标左键，Photoshop 同样会自动生成一个选区。该选区将通过自动连接路径起始点和终止点形成。由于套索工具所绘制的选区是不规则的封闭图形，所以套索工具一般不用于生成精准的选区。

（a）绘制路径 （b）闭合路径 （c）生成选区

图 2-42 应用套索工具生成选区

#### 2. 多边形套索工具

应用多边形套索工具 ⟨⟩ 生成选区的方法与应用套索工具生成选区有所区别：应用套索工具生成选区时，必须一次性将选区绘制完成；但是应用多边形套索工具生成选区时，每次单击可实现路径的"停顿"，此时可改变路径的方向。应用多边形套索工具绘制的路径均为直线，路径上的每个拐角是"停顿"时通过单击形成的控制点。当鼠标指针移至起始点，形状从 ⟨⟩ 变为 ⟨⟩ 时，单击起始点即可闭合路径，进而自动生成选区，如图 2-43 所示。

多边形套索工具一般适用于抠取没有平滑拐角的盒子图像素材，如图 2-44 所示。使用多边形套索工具抠取图像中的盒子，可按 Ctrl++ 组合键或 Ctrl+− 组合键放大或缩小画布，以便更好地观察图像的边缘。若定位拐角位置控制点时出现偏差，可按 Delete 键删除已经绘制好的路径。每按一次 Delete 键，可删除一条路径线，然后重新定位控制点即可。

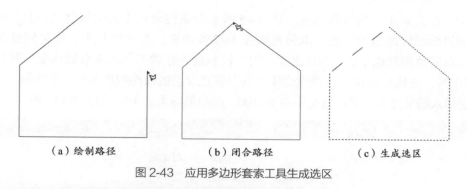

（a）绘制路径                （b）闭合路径                （c）生成选区

图 2-43　应用多边形套索工具生成选区

（a）绘制路径                （b）生成选区                （c）分离背景

图 2-44　应用多边形套索工具抠图

### 3. 磁性套索工具

应用磁性套索工具 ![icon] 生成路径与选区的方法，与应用套索工具和多边形套索工具有相似之处，但是在实际应用过程中，磁性套索工具更为智能。磁性套索工具可根据图像本身的颜色信息自动识别图像的边界。

切换至磁性套索工具后，在图 2-45 所示的图像上把鼠标指针移至咖啡杯边缘，单击创建选区的起始点，然后按住鼠标左键，沿着咖啡杯边缘拖曳鼠标，Photoshop 会自动生成控制点来定位选区的边界。但是，在咖啡杯拐角的地方，自动生成的控制点有时候会出现错位。

（a）定位控制点                （b）生成选区

图 2-45　应用磁性套索工具生成选区

（1）磁性套索工具控制点的修正。针对控制点错位的现象，有 3 种解决途径：①可以按 Delete 键删除控制点，然后重新定位控制点的位置；②可以先删除错位的控制点，然后单击以手动定位控制点的位置；③可以忽略当前错位的控制点，在闭合选区后，使用快速选择工具或其他抠图工具将多余的图像边缘去除。

（2）磁性套索工具的特殊属性。磁性套索工具之所以能智能识别图像的边缘，原因在于磁性套索工具的特殊属性。图 2-46 所示为磁性套索工具的属性栏：①宽度，用于检测鼠标指针两侧的宽度，取值范围在 1~256 像素，宽度值越小，检测的范围就越小，选取的范围就越精确；②对比度，用于控制磁性套索工具的选取敏感度，其范围在 1%~100%，对比度值越大，磁性套索工具对颜色反差的敏感程度越低；③频率，用于控制自动插入的节点数，其取值范围在 0~100，频率值越大，生成的控制点越多。

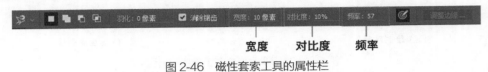

图 2-46　磁性套索工具的属性栏

### 2.2.4　演示案例：制作电商网页女装新品 Banner

【素材位置】素材 / 第 2 章 /02 演示案例：制作电商网页女装新品 Banner。

电商网页女装新品 Banner 图效果如图 2-47 所示。

图 2-47　电商网页女装新品 Banner

在制作电商网页的 Banner 时，要确保图中的主体内容，如模特、衣服、文案等尽量居中显示，以保证大多数用户都能正常浏览图中的主体内容。因此，在制作此案例时，需要使用选区工具确定主体内容的范围。另外，此案例中有大量服装图片素材需要进行抠图处理，下面详细演示制作此案例的过程。

电商网页女装新品 Banner 图制作步骤如下。

#### 1. 制作 Banner 背景

（1）新建一个 1920px×600px 的文档，分辨率为 72ppi，颜色模式为 RGB 颜色，命名为"电商网页女装新品 Banner"，并将其置入带纹理的背景图中。新建一个空白图层，使用椭圆选框工具绘制一个圆形选区，按 Shift+F6 组合键调出"羽化选区"对话框，在弹出的对话框中设置羽化半径为 60px，将空白图层填充为红色，效果如图 2-48 所示。

图 2-48　背景效果图

（2）置入粉色圆形图片素材，新建一个空白图层，使用椭圆选框工具绘制一个紫色圆形选区，并通过羽化的方式制作出紫色圆形选区后方的阴影效果，完成效果如图 2-49 所示。

图 2-49　加入圆形图片素材

## 2. 抠取图像素材

（1）首先，使用魔棒工具单击图像空白处，建立选区。然后，切换至快速选择工具，将运算方式切换至从选区减去，按左右中括号键"["或"]"调整画笔大小，并单击衣服上多余的选区可以将其减去。最后，按 Delete 键将背景删除。同理，可抠取其他服装及模特图像素材，服装抠图过程如图 2-50 所示。

（a）原图　　　（b）魔棒工具建立选区　　　（c）快速选择工具调整选区　　　（d）删除背景

图 2-50　服装抠图过程

（2）将模特素材置入 Photoshop 中，使用磁性套索工具在模特边缘建立锚点。当锚点错位时，按 Delete 键将其删除，单击手动控制锚点的位置，最后将背景删除，模特抠图过程如图 2-51 所示。

（a）原图　　　（b）磁性套索工具建立锚点　　　（c）生成选区　　　（d）删除背景

图 2-51　模特抠图过程

### 3. 图像素材合成

（1）将所有抠取的服装素材置入"电商网页女装新品 Banner"文档中，选中需要调整的图层，按 Ctrl+T 组合键，调整图片素材的旋转角度，如图 2-52 所示。

图 2-52　图片素材合成

（2）新建空白图层，按住 Ctrl 键并单击图层的缩略图。将服装素材载入选区，按 Shift+F6 组合键，调出"羽化选区"对话框并设置羽化参数。最后使用背景颜色填充空白图层，以此作为衣服投射在背景上的阴影，效果如图 2-53 所示。

图 2-53　制作衣服阴影

（3）将删除背景后的模特素材置入"电商网页女装新品 Banner"文档中，同样制作出模特背后的阴影，再置入文字图片素材，效果如图 2-54 所示。

图 2-54　置入模特与文字图片素材

### 4. Banner 细节完善

（1）新建空白图层，使用多边形套索工具绘制出三角形选区，并使用黄色填充三角形选区。同理，使用其他颜色填充多个三角形选区，制作过程如图 2-55 所示。

（2）首先新建空白图层，并使用椭圆选框工具绘制一个圆形选区。然后切换至矩形选框工具，将运算方式设置为添加到选区，并在圆垂直方向上的直径处绘制一个长方形选区。再切换回椭圆选框工具，将运算方式设置为添加到选区，绘制一个圆形选区。最后将选区填充为紫色，制作过程如图 2-56 所示。将所有三角形、圆角矩形与 Banner 进行合成，即可获得图 2-47 所示效果。

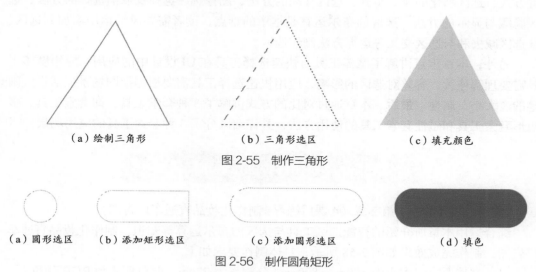

　（a）绘制三角形　　　　　　　（b）三角形选区　　　　　　　（c）填充颜色

图 2-55　制作三角形

（a）圆形选区　（b）添加矩形选区　　　　（c）添加圆形选区　　　　（d）填色

图 2-56　制作圆角矩形

## 课堂练习：制作汽车网页 Banner

【素材位置】素材 / 第 2 章 /03 课堂练习：制作汽车网页 Banner。

　使用快速选择工具对汽车图案进行抠图处理，并将抠图处理后的汽车图案与背景、光效、文案等进行图像合成，合成效果如图 2-57 所示，具体制作要求如下。

（1）文档要求。尺寸为 1920px×800px，分辨率为 72ppi，颜色模式为 RGB 颜色。

（2）抠图要求。保证汽车边缘无锯齿、无残缺、无白边，清晰干净。

图 2-57　制作汽车网页 Banner

## 本章小结

本章围绕选区工具在 UI 设计过程中的应用，详细讲解了创建选区的相关基本操作，具体包括：选框工具中的矩形选框工具与椭圆选框工具的使用方法、选区 3 种样式的设置方式、选区羽化的设置步骤、选区移动的方法、图像选区选择及取消选择的方法、选区隐藏与显示的方法。选区的布尔运算是本章的难点，读者需要灵活运用添加到选区、从选区减去和与选区交叉等运算方法制作选区。

另外，本章重点讲解了魔棒工具与快速选择工具在 UI 设计中的应用。应用魔棒工具需要理解连续、容差对选区的影响，应用快速选择工具需要根据抠图场景灵活设置画笔的"大小"属性。最后，本章通过对比的方式讲解了 3 种套索工具，即套索工具、多边形套索工具和磁性套索工具的使用方法，并详细区分了 3 种套索工具的应用场景。

## 课后练习：制作化妆品直通车广告图

【素材位置】素材 / 第 2 章 /04 课后练习：制作化妆品直通车广告图。

综合运用本章所介绍的智能选区工具与选区的布尔运算等知识，制作化妆品直通车广告图，制作完成效果如图 2-58 所示，具体制作要求如下。

（1）文档要求。大小为 800px × 800px，分辨率为 72ppi，颜色模式为 RGB 颜色。

（2）卡通人物抠图。使用磁性套索工具对卡通人物进行抠图处理。

（3）化妆品瓶的抠图。使用魔棒工具或快速选择工具对化妆品瓶子进行抠图处理。

图 2-58　制作化妆品直通车广告图

# 第 3 章

# 图层在 UI 设计中的应用

【本章目标】

○ 了解图层的基本原理，掌握图层的创建、复制、成组等基本操作，熟悉图层不透明度与填充的区别。

○ 掌握图层的锁定、过滤、自由变换、排列、分布、合并与盖印等常用的功能与命令。

○ 熟悉智能对象与栅格化图层之间的区别与转换方法，文本图层与矢量图层的基本应用。

○ 掌握各类图层样式的常用属性，能灵活运用图层样式制作拟物风格图标。

【本章简介】

图层是 Photoshop 中十分重要的概念，Photoshop 中大部分的功能与命令都是基于图层发挥作用的。首先，图像、矢量图形、文字等内容在 Photoshop 中都以图层的形式呈现。其次，滤镜与图层样式等功能在 Photoshop 中无法独立存在与显示，需要以图层作为载体才能发挥其相应的功能。

图层类似于一捆堆叠在一起的透明纸张，每一个图层就是一张透明的纸，每张纸上记录了不同的图像信息，透过上方图层的透明区域可以看到下方图层中的图像信息，如图 3-1 所示。可以对各个图层中的图像内容进行单独处理，所有图层内容叠加即呈现完整的设计作品。

本章围绕图层在 UI 设计中的应用，结合案例详细讲解图层的基本操作与常用功能，通过分类的方式全面介绍常用的图层类型、图层样式及其重要属性。

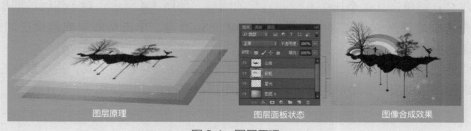

图层原理　　　　图层面板状态　　　　图像合成效果

图 3-1　图层原理

空白图层是不携带任何图像信息的图层类型。执行菜单栏中的"图层"→"新建"→"图层"命令或按 Ctrl+Shift+N 组合键,在弹出的新建图层对话框中单击"确定"按钮即可生成新的空白图层;还可以单击"图层"面板下方的"创建新图层"按钮创建新的空白图层,如图 3-2 所示。

创建与编辑图层

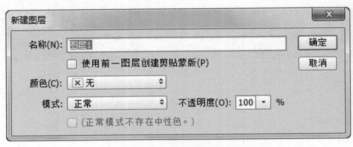

(a) 通过菜单栏或快捷键创建新图层　　　　(b) 通过按钮创建新图层

图 3-2　图层的创建方法

## 3.1.1 图层的选择与复制

### 1. 图层的选择

图层的移动、删除、复制、旋转等编辑操作,都是在选中图层的前提下进行的,如图 3-3 所示。图层的选择可在"图层"面板中单击任意图层将图层选中,还可以在工作舞台中选择相应的图层。在工作舞台中选择图层前需切换至移动工具,且在属性栏中勾选"自动选择"复选框 ☑自动选择: 图层 ,此时单击即可选中工作舞台中相应的图层。

图 3-3　图层的选择

以上选择方式是对单个图层的选择。若要选择多个图层,可以先选择一个图层,然后按住 Ctrl 键单击,逐个选中其他非连续的图层,如图 3-4 所示。对于连续的图层,还可以先选中最顶层或最底层的图层,然后按住 Shift 键,单击最底层或最顶层的图层,可快速选中连续的多个图层,如图 3-5 所示。

此外,在工作舞台中,还可以对图层进行框选:切换至移动工具,按住鼠标左键并移动鼠标,拖曳出一个矩形选区,选区内的图层都将被选中,如图 3-6 所示。

图 3-4　非连续图层的选择　　　　　　图 3-5　连续图层的选择

图 3-6　框选图层

## 2. 图层的复制

Photoshop 中提供了多种图层的复制方式，如基于图层本身的复制（"通过拷贝的图层"命令、"通过剪切的图层"命令、"复制图层"命令等）、基于编辑状态下的复制（"合并拷贝""剪切""粘贴""选择性粘贴"等命令），应根据工作场景的需要，灵活选用不同的命令。

（1）基于图层的复制。

①通过拷贝的图层。在选中图层的状态下，执行菜单栏中的"图层"→"新建"→"通过拷贝的图层"命令，或按 Ctrl+J 组合键，可以快速得到复制的图层，事实上这种方式是将"复制"与"粘贴"命令合并，一次性完成对图层的复制与粘贴。

②通过剪切的图层。选中图层并为图层绘制一个选区，然后执行菜单栏中的"图层"→"新建"→"通过剪切的图层"命令，或按 Ctrl+Shift+J 组合键，可将选区内的图层从原图层中分离出来。

"通过剪切的图层"命令与"通过拷贝的图层"命令之间的区别有 3 点：一是"通过剪切的图层"命令只能对一个图层发挥作用，"通过拷贝的图层"命令可以同时对多个图层进行复制；二是"通过剪切的图层"命令必须要在选中的图层上绘制出一个选区，才能执行命令，"通过拷贝的图层"命令在有选区或者没有选区的状态下均可执行命令，有选区时，复制的范围只针对选区范围内，没有选区时，对整个图层进行复制；三是"通过剪切的图层"命令是会对原图层造成破坏的复制方式；"通过拷贝的图层"命令不会对原图层造成任何破坏，所以这种方式是设计中最高效且最为常用的复制方式之一，如图 3-7 所示。

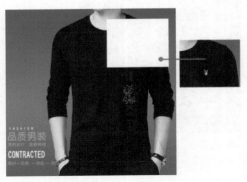

（a）"通过剪切的图层"命令　　　　　　（b）"通过拷贝的图层"命令

图 3-7　破坏性与非破坏性复制

③复制图层。选中一个或多个图层，执行菜单栏中的"图层"→"复制图层"命令，在弹出的"复制图层"对话框中单击"确定"，同样可以对图层进行复制，如图 3-8 所示。通过当前对话框，还可以跨文档复制图层，在目标文档下拉列表框中选择其他文档即可。跨文档复制图层的另一

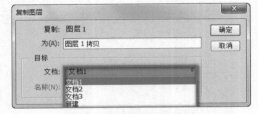

图 3-8　"复制图层"对话框

种方式是：选中需要复制的图层，按住鼠标左键，将图层拖曳至文档标题栏上，然后再将图层拖曳至目标文档的工作舞台中，最后释放鼠标左键，如图 3-9 所示。

图 3-9　跨文档复制图层

④创建新图层。将"图层"面板中的图层选中，按住鼠标左键拖曳至"图层"面板下方的"创建新图层"按钮上，当鼠标指针变成白色小手时释放鼠标左键，同样可以实现对图层的复制。

（2）基于编辑状态的复制。

①复制与粘贴。选中需要复制的图层，按住 Ctrl 键，单击图层前的缩略图，然后在菜单栏中执行"编辑"→"拷贝"命令，或按 Ctrl+C 组合键；接着执行"编辑"→"粘贴"命令，或按 Ctrl+V 组合键，可实现对图层的复制与粘贴。这种方式较为烦琐，在设计中使用频率较低。

②移动并复制。保证工具处于移动工具状态下，且图层被选中，按住 Alt 键，当鼠标指针变成黑白双箭头时移动图像，可实现对图层的复制，如图 3-10 所示。这种方式也是较为高效且不破坏原图层的复制方式，其他复制方式则是对图层的原位复制粘贴，这种方式需要移动图层在工作舞台中的位置才能实现复制效果。

（a）黑白双箭头　　　　　　　（b）移动复制

图 3-10　移动并复制

## 3.1.2　图层的不透明度与填充

### 1. 图层的不透明度

在 Photoshop 中，所有图层默认的不透明度为 100%，即上层图层与下层图层堆叠后，下层图层被上层图层遮挡。将图层的不透明度设置为 50% 时，图层呈现为半透明状态，如图 3-11 所示。当将图层不透明度设置为 0% 时，图层处于完全透明状态，在工作舞台中看不到任何图像信息。

Photoshop 提供了多种设置不透明度属性的方法，如图 3-12 所示。①可在"图层"面板中的不透明度属性后输入相应的数值，指定图层的不透明度值；②也可以单击不透明度后的小三角，左右移动滑块设置其参数；③在小键盘上输入数值可以改变其参数，当按下数字 5 时图层不透明度为 50%，当快速连续按下数字 55 时图层不透明度为 55%，当按下数字 0 时图层不透明度恢复为 100%，快速连续按下数字 00 时图层不透明度为 0%。

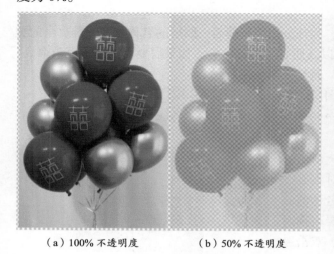

（a）100% 不透明度　　　（b）50% 不透明度

图 3-11　图层的不透明度

图 3-12　不透明度属性的设置

### 2. 图层的填充

图层的填充位于"图层"面板中，居于图层不透明度属性的下方。图层填充参数的设置方法与不透明度大同小异。但要注意，小键盘上的数字键能改变不透明度的参数，却无法改变填充的参数。

图层的填充与图层的不透明度属性都可以控制图层的透明程度，二者的区别在于：图层的不透明度既能控制图层本身的透明程度，也能控制图层样式的透明程度；图层的填充仅能控制图层本身的透明程度，不能控制图层样式的透明程度。原图中的"宝剑"添加了蓝色外发光图层样式，将图层不透明度设置为 20% 后，图层与发光效果同时变暗。将图层的填充设置为 20% 后，图层变暗，但是蓝色的发光效果不受影响，如图 3-13 所示。

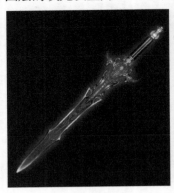  

（a）原图　　　　　　　　（b）20% 不透明度　　　　　　　（c）50% 填充

图 3-13　不透明度与填充的区别

## 3.1.3　图层的分类管理

在大型文档中，图层的类型多、数量也多。Photoshop 中提供了多种对图层分类管理的方式，以方便编辑操作，其中包括图层的命名与排序、图层的成组、图层的锁定、图层的过滤、图层的显示与隐藏、图层的颜色区分等。

### 1. 图层的命名与排序

（1）图层的命名。默认状态下，大部分图层新建后，图层的名称根据图层自身的类型进行命名。置入文档中的图层，以其原有名进行命名。如果需要对图层进行重命名，可通过以下两种方式：①在"图层"面板中直接双击图层的名称，重新输入图层的名称；②执行菜单栏中的"图层"→"重命名图层"命令来重新命名图层。

对图层进行重命名时要注意，双击图层名称进行修改时，被双击的对象必须为图层原有名称，既不能双击名称前的图层类型图标，也不能双击图层名称后方的空白区域，如图 3-14 所示。双击这两个区域所进行的是其他编辑操作。

图 3-14　图层的命名

（2）图层的排序。在"图层"面板中，图层是按照创建的先后顺序进行堆叠排列的，新建或后置入的图层位于原有图层的上方。可以通过调整图层的排序，对其进行更合理的分类管理。

图层顺序的调整方式有 3 种：①手动调整，在"图层"面板中选中图层，按住鼠标左键向上或向下拖曳图层，将图层拖至两个图层之间的交界处时，释放鼠标左键，即可完成对图层顺序的调整；②菜单命令调整，选中图层后，执行菜单栏中的"图层"→"排列"命令，选择相应的调整命令，如图 3-15 所示；③组合键调整，选中需要调整顺序的图层，按相应的组合键。（一次性将图层置于"图层"面板的底部或顶部，组合键是 Ctrl+Shift+[ 或 Ctrl+Shift+]；依次从上往下或从下往上调整图层顺序，组合键是 Ctrl +[ 或 Ctrl +]。）

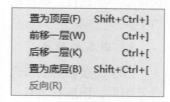

图 3-15　图层的排序

### 2. 图层的成组

（1）成组的概念。当"图层"面板中的图层较多时，为规范对图层的管理，需要对图层进行成组处理。所谓成组，是指将图层放置在文件夹中暂时不再处理并将其卷起，以腾出更多的空白区域。同时成组可以规范对源文件的管理，使源文件条理更为清晰。成组的另一个好处是可以将具有相同属性的图层进行分类管理，后期更改源文件时，可以快速找到需要的图层。当需要对源文件更改时，单击组左侧的三角按钮，即可展开或卷起组。

（2）成组的方式。①选中需要成组的一个或多个图层，执行菜单栏中的"图层"→"图层编组"命令或直接按 Ctrl+G 组合键，对图层进行成组处理；②选中需要成组的一个或多个图层，单击"图层"面板下方的"创建新组"按钮，对图层进行成组处理，如图 3-16 所示；③当然，成组时不选中任何图层也可以创建新的组，此时创建的组为空组，组内不包含任何图层。若图层在组外，选中图层后，按住鼠标左键将图层拖曳至组上，当组呈现高亮显示状态时，释放鼠标左键，可将图层添加至组内。

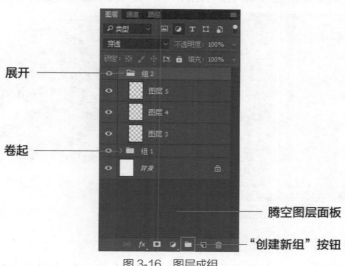

图 3-16　图层成组

（3）图层移出组及删除组的方式：①选中图层，将图层拖曳至"图层"面板空白区域，可将图层移出组外；②选中组，将其拖曳至"图层"面板下方的"删除图层"按钮，不仅可以删除图层，同时可以

图 3-17　仅删除组

将组删除；③若仅删除组而不删除组内的图层，可以选中组，单击鼠标右键，在弹出的快捷菜单中执行"删除组"命令，在弹出的警告框中单击"仅组"按钮即可，如图 3-17 所示。

### 3．图层的锁定

（1）图层锁定的概念。文档新建后，默认状态下，在"图层"面板中有一个白色的背景图层，图层右边有一个小锁的图标，此时无法对该图层进行任何编辑。需要双击当前图层，在弹出的"新建图层"对话框中单击"确定"按钮，可对当前图层进行解锁，此后可以对背景图层进行移动、旋转、缩放或删除等操作。默认状态下 Photoshop 对背景图层进行了锁定。

在 UI 设计中，框选图层时经常出现选择出错的现象。为避免由于误操作影响到其他图层，可以对不需要参与操作的图层进行锁定处理，锁定后的图层无法进行任何编辑操作。

（2）图层锁定的方法如图 3-18 所示。选中需要锁定的图层与组，然后单击"图层"面板中的小锁按钮，当图层与组后方出现小锁图标时，则表明对该图层与组进行了锁定。选中被锁定的图层与组，单击"图层"面板中的小锁按钮，可对图层与组进行解锁处理。

（3）图层锁定的类型。Photoshop 中除了整体锁定🔒以外，还提供了其他类型的锁定，包括锁定透明像素▨、锁定图像像素✎、锁定位置🔟等，如图 3-18 所示。

锁定透明像素与锁定图像像素较容易被混淆：①锁定透明像素后，图层的透明区域会受到保护，不能进行绘图操作；②锁定图像像素后，只能对图层进行移动和变换等操作，不能在图像的有效像素信息区域内进行绘图、擦除或应用滤镜等操作，如图 3-19 所示。

图 3-18　图层与组的锁定

图 3-19　图像像素区域与透明区域

### 4．图层的过滤

所谓图层的过滤，是指按照图层的类型，在"图层"面板中仅显示特定类型的图层，

其他类型的图层被全部隐藏。图层过滤器可过滤的图层类型包括像素图层、调整图层、文字图层、形状图层和智能对象，如图 3-20 所示。打开图层过滤并单击文字图层过滤器后，"图层"面板中仅保留文字图层，其他图层暂时被全部隐藏。

过滤器

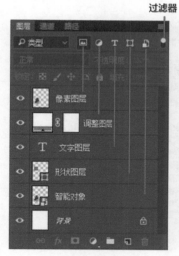

（a）可过滤的图层类型　　　（b）仅保留文字图层

图 3-20　图层的过滤

### 5. 图层的显示与隐藏

图层的显示与隐藏既便于观察图层，方便选择图层，提高设计的效率，也可以隐藏图层避免误操作，因为隐藏后的图层无法进行大部分操作。

图层的显示与隐藏可通过图层左侧的眼睛图标进行切换。按住 Alt 键，单击某个图层前的眼睛图标，可单独显示该图层，其他图层全部被隐藏；按住 Alt 键，再次单击该图层的眼睛图标，被隐藏的图层再次显示出来，如图 3-21 所示。

图 3-21　图层的显示与隐藏

### 6. 图层的颜色区分

通过颜色区分图层的作用及类型，是较为直观的分类管理方式，如图 3-22 所示。可通过 3 种途径选择图层的颜色：①新建图层时，在弹出的"新建图层"对话框中选中所需要的颜色，如图 3-23 所示；②在图层左侧的眼睛图标旁边单击鼠标右键，在弹出的快捷菜单中同样可以选择图层的颜色；③在图层上单击鼠标右键，在弹出的快捷菜单中选择所需要的颜色。

图 3-22　图层的颜色区分

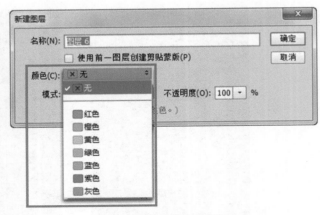

图 3-23　图层颜色的选择

### 3.1.4　图层的变换操作

在 UI 设计中，有时候需要对图像原有的大小、旋转方向、透视角度乃至外观形态进行改造，以符合设计需求，此时需要对图层进行变换操作。

图层的变换操作需要在选中图层的前提下进行，执行菜单栏中的"编辑"→"自由变换"命令，还可以按 Ctrl+T 组合键先对图层进行一次自由变换，然后在工作舞台中单击鼠标右键，在弹出的快捷菜单中选择需要的变换命令。

图层的变换命令包括"缩放""旋转""斜切""扭曲""透视"和"变形"等，如图 3-24 所示。此外，还单独列举了常用的固定角度的旋转命令与固定方向的翻转命令。关于"缩放"与"旋转"命令，在第 1 章中已详细解析，本章不再赘述。

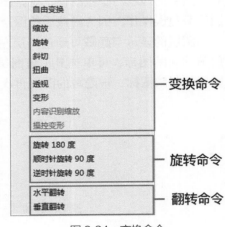

图 3-24　变换命令

#### 1．变换命令

（1）斜切。"斜切"命令是指对图层的某个边界进行拉伸或压缩，但每次斜切作用的方向只能沿着该边界的水平或垂直方向。选择原图书的封面，按 Ctrl+T 组合键对图层进行自由变换，然后单击鼠标右键，在弹出的快捷菜单中执行"斜切"命令，如图 3-25 所示。单击图像边缘的控制点，按住鼠标左键并移动鼠标，可实现对控制点的移动。按照两点透视的规律，可调整出合理的透视角度。

（2）扭曲。"扭曲"命令与"斜切"命令的操作步骤和作用十分相似，但是比"斜切"命令更为灵活与自由。执行"扭曲"命令调整图像控制点的位置时，每次扭曲作用的方向可以沿着水平与垂直方向同时进行。图 3-26 所示是执行"扭曲"命令制作的书本封面效果。

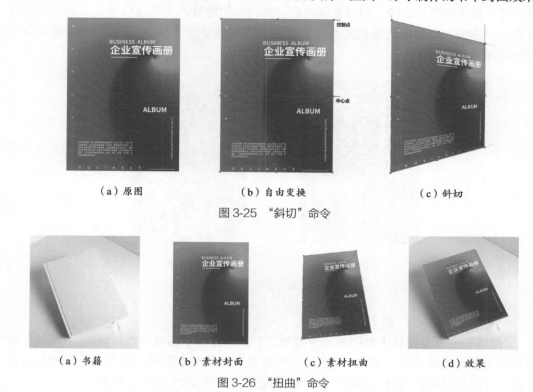

（a）原图　　　　　　　　（b）自由变换　　　　　　　　（c）斜切

图 3-25　"斜切"命令

（a）书籍　　　　（b）素材封面　　　　（c）素材扭曲　　　　（d）效果

图 3-26　"扭曲"命令

（3）透视。透视的操作方式与"斜切""扭曲"命令相似，但是与"斜切""扭曲"命令最大的区别是，执行"透视"命令调整图像边缘的某个控制点时，与其水平或垂直方向的另一个控制点的位置会同时发生位移。执行"斜切"或"扭曲"命令调整控制点时，仅改变当前控制点的位置。执行"透视"命令调整左下角的控制点，按住鼠标左键且将鼠标向左移动时，左侧的控制点向左移动，右侧的控制点同时向右侧移动，图像呈现为一个等腰梯形，如图 3-27 所示。

（a）原图　　　　　　　　　　　（b）透视

图 3-27　透视命令

（4）变形。"变形"命令与其他 3 个命令的操作方式及作用都有较大差异，如图 3-28 所示。首先，执行"变形"命令后，图像的定界框以九宫格的形式平均分割图像。可以调整控制点的位置或控制手柄的方向改变图像的透视关系。其次，"变形"命令可以调整出带有弧度的图像边缘，即图像调整后，其边缘轮廓线不再以直线显示，是任意的曲线效果。其他 3 个命令调整后的图像边缘轮廓线依然是直线显示。所以，"变形"命令的灵活程度更高。

（a）原图　　　　　　　　　　　（b）变形

图 3-28　"变形"命令

### 2.　翻转命令

"翻转"命令是设计中常用的命令类型之一，包括水平翻转与垂直翻转。"翻转"命令可用于制作对称图形。两个 Logo 排除色彩因素，其基本图形分别为水平对称与垂直对称，在制作时可以通过"翻转"命令快速完成，如图 3-29 和图 3-30 所示。

（a）水平对称　　　　　　　　　　　（b）垂直对称

图 3-29　对称图形

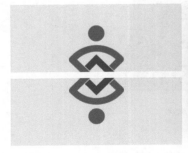

（a）垂直翻转　　　　　　　　　　　（b）水平翻转

图 3-30　"翻转"命令

## 3.1.5　图层的合并与盖印

### 1. 图层的合并

在 UI 设计中，可以对同一文档中的多个图层进行合并处理，被合并的多个图层将整合为一个图层，图层名称以未合并前最顶端或最底端的图层名称进行命名，合并后的图层类型为像素图层。

图层合并后，可以减少对"图层"面板空间的占用，同时也能减少对内存空间的占用。但是图层合并后无法再分离，无法对源文件进行再次更改。为避免后期无法更改源文件，要慎重考虑是否合并图层。

可通过菜单栏中的"图层"菜单执行相应的合并命令。Photoshop 中提供了多种合并的类型，包括合并图层、向下合并、合并可见图层等。

（1）合并图层。是对"图层"面板中已选中的多个图层进行合并，常用组合键是 Ctrl+E。

（2）向下合并。适用于像素图层的合并，是在选中单个像素图层后，向下合并一个像素图层的合并类型，合并后的图层名称以下方的图层名称进行命名，常用组合键是 Ctrl+E。

（3）合并可见图层。是合并"图层"面板中所有可见图层的合并方式，此方式只需要选择一个图层，其他开启眼睛图标的图层都将被合并，常用组合键是 Ctrl+Shift+E。

### 2. 图层的盖印

图层的盖印又被称为"合并图层复制"，图层的盖印与图层的合并非常相似，可以将多个图层中的图像内容拼合到一个新的图层中。盖印图层与合并图层的区别在于：盖印图层是在不破坏其他图层完整性的基础上，在"图层"面板中整合出一个全新的图层，新图层的图像信息内容是将所有图层合并后得到的图像信息，如图 3-31 所示。

（a）原有图层　　　　　　　（b）盖印图层　　　　　　　（c）合并图层

图 3-31　盖印图层与合并图层的区别

图层的盖印包括 3 种类型：盖印图层、向下盖印和盖印可见图层。

（1）盖印图层。选中多个图层，按 Ctrl+Alt+E 组合键对图层进行盖印，所有被选中图层的图像信息被整合到一个新图层中，原有图层不受影响。

（2）向下盖印。向下盖印图层只适用于像素图层，选中一个像素图层，按 Ctrl+Alt+E 组合键进行向下盖印。盖印完成后，上方图层的图像信息将被整合到下方图层中，同时上方图层不受任何影响，但下方图层整合了上方图层的图像信息，下方图层受到影响。

（3）盖印可见图层。是对所有开启眼睛图标的图层进行盖印，盖印后形成新的图层，原有图层不受影响。盖印可见图层可按 Ctrl+Alt+Shift+E 组合键进行操作。

## 3.1.6　图层的对齐与分布

图层的对齐与分布是基于图层的移动而进行的，所以对图层进行对齐与分布前，必须将工具切换至移动工具，将需要排列与分布的图层选中，然后单击属性栏中的对齐与分布按钮进行相应操作。

### 1．图层的对齐

Photoshop 提供了 6 种对齐方式，对齐是基于两个及两个以上图层的位置对齐，如图 3-32 所示。

（1）顶对齐。所谓顶对齐，是指以所有对齐对象中处于最顶部的控制点作为对齐目标，向上移动图层实现对齐的操作。图 3-33 所示为顶对齐前的效果，对

图 3-32　对齐的方式

4 张图片进行顶对齐时，Photoshop 以 4 张图片中最顶部的控制点作为对齐的目标点，向上移动后实现对齐，图 3-34 所示为顶对齐后的效果。

图 3-33　顶对齐前的效果

图 3-34 顶对齐后的效果

同理，左对齐、右对齐、底对齐即是以其最左、最右、最底部的控制点作为对齐的

目标点。但是，垂直居中对齐与水平居中对齐是较容易被混淆的概念。

（2）垂直居中对齐。图 3-35 和图 3-36 所示分别为图片垂直居中对齐前后的效果。垂直居中对齐■，从其按钮观察，最终实现的效果是使所有对象在水平方向上进行居中对齐。容易将其理解为水平居中对齐，从而造成操作的错误。

事实上，对齐命令的命名方式是基于其操作过程而言的，对齐的前提是移动对象。所以，垂直居中对齐就是使对象在垂直方向上进行移动，从而实现其在水平方向上的居中对齐。水平方向的居中对齐是结果，并非过程。

为此，垂直居中对齐的概念以所有对象的水平居中轴为对齐目标轴，驱使对象在垂直方向上下移动，以达到水平方向居中对齐的目的。由此可清楚区分垂直居中对齐与水平居中对齐的概念及作用。

图 3-35　垂直居中对齐前

图 3-36　垂直居中对齐后

（3）水平居中对齐。所谓水平居中对齐，是指以所有对象的垂直居中轴为对齐目标轴，驱使对象在水平方向左右移动，以达到垂直方向居中对齐的目的。图 3-37 和图 3-38 所示为图片水平居中对齐前后的效果。

图 3-37　水平居中对齐前

图 3-38　水平居中对齐后

2. 图层的分布

图层的分布命令是对 3 个及 3 个以上对象的间距调整命令，提供了 6 种分布方式，在 UI 设计中较为常用的是垂直居中分布与水平居中分布，如图 3-39 所示。

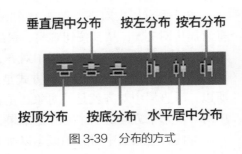

图 3-39　分布的方式

（1）垂直居中分布。图 3-40 和图 3-41 所示分别为垂直居中分布前后的效果。所谓垂直居中分布，是指驱使对象在垂直方向上下移动，使所有对象的水平间距相等。

图 3-40　垂直居中分布前　　　　　　　图 3-41　垂直居中分布后

（2）水平居中分布。图 3-42 和图 3-43 所示分别为水平居中分布前后的效果。所谓水平居中分布，是指驱使对象在水平方向上左右移动，使所有对象的垂直间距相等。

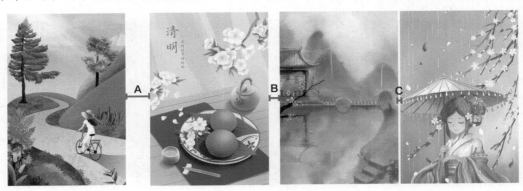

图 3-42　水平居中分布前

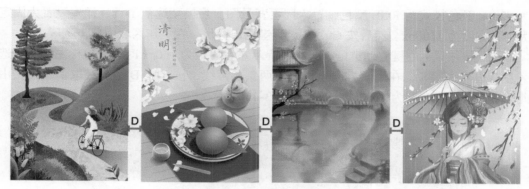

图 3-43　水平居中分布后

（3）按顶分布、按底分布、按左分布和按右分布使用频率较少，对初学者而言也是不易理解的概念。图 3-44 所示为对象按顶分布前后的效果，所谓按顶分布，是指以各个对象的顶部为分布基准，保证每两个对象间的顶部间距相等。同理，可理解其他分布方式的概念及作用。

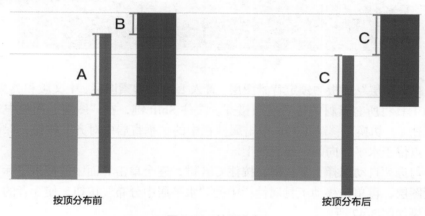

图 3-44　按顶分布

## 3.1.7　演示案例：制作企业官网首页界面

【素材位置】素材 / 第 3 章 /01 演示案例：制作企业官网首页界面。

企业官网首页界面完成效果如图 3-45 所示。

项目未上线前，为了沟通与展示的需要，如开发部门内部研讨会交流协商、大型设计项目招标展示等，往往会将效果图放置在真实的屏幕界面中，以方便内部工作人员与甲方客户获得更为直观的视觉感受，大概了解项目上线后的效果。

企业官网首页界面制作步骤如下。

### 1．制作网页背景与头部区域

（1）新建一个 1920px×1000px 的文档，分辨率

图 3-45　企业官网首页

为 72ppi，颜色模式为 RGB 颜色，置入网页背景图。切换至选框工具，样式设置为固定大小，宽度为 1600px。然后按 Ctrl+R 组合键调出标尺，在工作区域中单击选区。

（2）按住鼠标左键移动选区，当智能提示左右边距为 160px 时释放鼠标左键。以选区左右边界为参考，在垂直方向上拖曳出两条参考线，按 Ctrl+D 组合键取消选区。由此确定主体内容宽度为 1600px，效果如图 3-46 所示。

图 3-46　确定主体内容宽度

（3）在"图层"面板中锁定背景图层，置入 Logo、搜索图标、中文版和英文版素材，使用移动工具将所有素材的位置适当错开。按住 Shift 键，在"图层"面板中选中以上 4 个素材图层，切换至移动工具，单击属性栏中的"垂直居中对齐"按钮，保证所有素材的中心点位于水平方向的一条直线上。

（4）勾选"自动选择"复选框，按住 Ctrl 键，逐个单击界面中的搜索图标、中文版和英文版图层，再单击移动工具属性栏中的"水平居中分布"按钮，使 3 者的垂直间距相等，效果如图 3-47 所示。

图 3-47　头部区域内容的对齐与分布

### 2. 制作网页其他区域

（1）首先置入橙色与蓝色两个信息列表，保证橙色信息列表的左侧与 Logo 的左侧对齐，然后置入导航条与底部信息区域，效果如图 3-48 所示。

（2）首先置入图片 1~6，在"图层"面板中将 6 张图片素材的图层调整至导航条图层与底部信息区域图层的下方。然后绘制一个与图片等宽的黑色矩形，适当降低其不透明度并放置在图片的上方，适当压暗图片的亮度。最后按 Ctrl+J 组合键，将矩形复制 4 份，分别覆盖在其他图片素材上方，最后一张图片除外，效果如图 3-49 所示。

信息列表

导航条

底部信息区域

图 3-48 置入其他区域素材

压暗

图 3-49 图片压暗处理

### 3. 制作透视效果

（1）按 Ctrl+Shift+Alt+S 组合键对网页效果图进行导出，在弹出的"存储为 Web 所用格式"对话框中，将图片格式选择为 JPEG 进行导出。

（2）新建一个 1920px × 1080px 的文档，分辨率为 72ppi，颜色模式为 RGB，将计算机素材图片与导出后的网页效果图置入文档中。

（3）选择网页效果图，按 Ctrl+T 组合键，并单击鼠标右键调出自由变换快捷菜单执行"扭曲"命令，拖曳网页效果图的控制点至计算机屏幕的 4 个边角，制作过程如图 3-50 所示，完成效果如图 3-45 所示。

图 3-50 制作透视效果

## 3.2 图层的类型

在 UI 设计中，常用的图层类型包括像素图层、智能对象、调整图层、形状图层和文字图层，此外还包括视频图层和 3D 图层等。这些图层可以作为滤镜、图层样式的载体，也可单独存在于"图层"面板中。图 3-51 所示为各种常见图层的缩略图，可通过缩略图区分各类图层。

图 3-51　图层的类型及其缩略图

### 3.2.1 像素图层与智能对象

#### 1. 像素图层

（1）像素图层的概念。像素图层在 Photoshop 中较为常见，应用较为广泛，人们又习惯将其称为普通图层或非矢量图层。像素图层由像素组成，图像放大后，会由于像素点不足而出现模糊现象；图像缩小后，会自动压缩并舍弃部分像素，再次放大同样会出现模糊现象。图 3-52 所示的图标放大后由于缺乏足够的像素，则以相邻的近似像素进行补充，且像素位置存在错位，从而出现模糊现象。

（a）原图　　　　　　　（b）直接放大　　　　　　（c）缩小后放大

图 3-52　像素图层

（2）像素图层的建立。建立像素图层的常见途径包括 3 种：①在"图层"面板中直接新建空白图层，然后在图层上使用画笔工具绘制或直接填充颜色形成；②多种类型的图层或组执行合并、盖印等命令后形成；③选中其他类型的图层，单击鼠标右键，在弹出的快捷菜单中执行"栅格化图层"或"栅格化文字"等命令后形成。

像素图层中存储的图像信息相对较少，能相对压缩文档的大小，但是放大或缩小后会出现模糊现象是其劣势。所以在 UI 设计中，为保证图像的清晰度，应尽量避免使用像素图层。

#### 2. 智能对象

（1）智能对象的概念。智能对象是能记录图像色彩信息的一类图层，智能对象在进行缩放、旋转等变换操作或添加调整图层、滤镜调整图层后，依然能保留其固有的图像色彩。

（2）智能对象的形成。智能对象的形成一般有两种途径。

①在文档中置入图片素材时，图片所形成的图层类型一般为智能对象。这是由于执行菜单栏中的"编辑"→"首选项"→"常规"命令打开"首选项"对话框时，在"常规"选项卡中默认勾选了"在置入时始终创建智能对象"复选框，如图 3-53 所示。

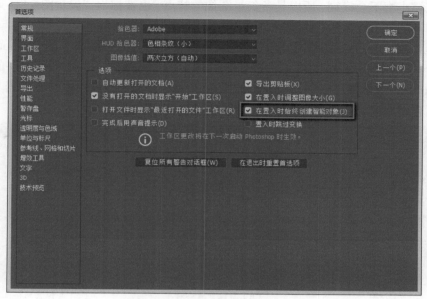

图 3-53　"首选项"对话框

②选中图层或组，在选中的图层或组上单击鼠标右键，在弹出的快捷菜单中执行"转换为智能对象"命令，可将图层或组转换成智能对象。此时，在原文档中形成一个智能对象，在"图层"面板中双击该智能对象的缩略图，可在工作舞台中打开一个新的文档，该文档中包含了转换为智能对象前的原始数据，如图 3-54 所示。

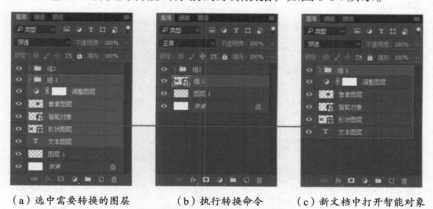

（a）选中需要转换的图层　　（b）执行转换命令　　（c）新文档中打开智能对象

图 3-54　转换为智能对象

在智能对象上执行的操作是非破坏性的，如对智能对象进行缩小处理，智能对象不会因缩小而舍弃像素数据，再次放大智能对象，图像不会出现模糊现象。但是无限放大智能对象也会出现模糊现象，这是由于智能对象中所包含的色彩信息是有限的，只包含其固有的色彩信息。智能对象由于能保留原始信息数据，所以会占用较多的存储空间。

### 3.2.2 形状图层与文字图层

#### 1. 形状图层

在 Photoshop 中，形状图层是指使用形状工具或钢笔工具绘制的图层，由于此类图层放大或缩小都不会模糊，所以它具备矢量图像的特点，也被称为"矢量图层"。如图 3-55 所示，中间的矩形放大后边缘仍保持清晰。

但是事实上，Photoshop 中的矢量图像并非完全意义上的矢量，因为 Photoshop 本身是一个位图图像软件，软件中的图像是以像素的形式呈现的，当形状图层的边缘与 Photoshop 中的像素网格——对应时，放大后边缘不会出现模糊现象，但是当其边缘无法与像素格对齐时，边缘会出现少许模糊的过渡，如图 3-55 所示。

（a）原图 （b）与像素网格对齐 （c）与像素网格未对齐

图 3-55 矩形形状图层

执行菜单栏中的"编辑"→"首选项"→"工具"命令打开"首选项"对话框，如图 3-56 所示，取消勾选"将矢量工具与变化和像素网格对齐"复选框。此时放大矩形形状图层，由于矩形边缘只占据半个像素网格，所以会出现半透明的状态，如图 3-55 中右侧矩形所示。

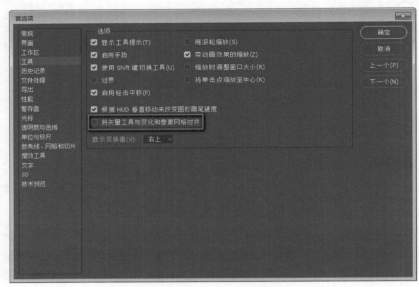

图 3-56 "首选项"对话框

同理，圆形的形状图层的边缘由于无法完全占据一个完整的像素网格，会出现模糊的过渡，如图 3-57 所示。一般情况下，由于文档缩放比例为 100%，所以人眼无法看到圆形边缘的锯齿，将文档放大到 3200% 时，锯齿十分明显。设计作品输出时的文档大小为 100%，即实际像素，可按 Ctrl+1 组合键查看作品的实际像素，按 Ctrl+0 组合键可在工作舞台中将作品最大化显示。

（a）100%

### 2. 文字图层

（1）文字图层的概念。在 Photoshop 中，文字有多种存在形式，包括点文字、段落文字、转换为形状图层的文字和栅格化的像素文字等。本章所说的文字图层是指使用文字工具在工作舞台中直接输入或从其他软件中导入 Photoshop 中的文字，这些文字图层能通过相应操作改变文字的样式、大小、粗细等属性，具有放大或缩小不模糊的特点。

（b）3200%

图 3-57　变化与像素网格不对齐

（2）文字图层的转换。文字图层的灵活性非常强，可以转换为智能对象、像素图层、形状图层等，如图 3-58 所示。选中文字图层，在文字图层上单击鼠标右键，可根据创作需要，在弹出的快捷菜单中执行"转换为智能对象""栅格化文字""转换为形状"命令。

在设计中将文字转换成形状的频率较高，在软件设计等其他设计领域，又被称为"创建轮廓""转曲"等。文字图层转换为形状图层，既可以根据形状图层的控制点自由改变文字的造型，以获得视觉效果更好的文字造型，也可以规避使用字库文字而带来的版权问题，如图 3-59 所示。

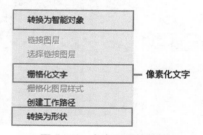

图 3-58　文字图层的转换

图 3-59　转换为形状图层

## 3.2.3　演示案例：制作 UI 设计作品效果展示图

【素材位置】素材 / 第 3 章 /02 演示案例：制作 UI 设计作品效果展示图。

UI 设计作品效果展示图完成效果如图 3-60 所示。

同一套 UI 设计作品除了需要在不同的系统中进行适配以外，如 iOS 系统与 Android 系统，有时候还会进行跨平台适配设计，如智能手表终端、手机终端、平板电脑终端和网页端等。

图 3-60　UI 作品效果展示图

　　UI 设计作品多终端适配后进行集中展示时，可以使用智能对象自行设计展示的屏幕界面，如果时间紧迫，也可以借助网络资源，使用部分样机进行展示。所谓样机，是指由其他设计师设计好并上传至网络，共享给他人使用的展示模板。这些展示模板一般使用智能对象制作，只需要将智能对象内的 UI 设计作品替换成自己的效果图。

　　UI 设计作品效果展示图制作步骤如下。

### 1. 替换手机 App 页面

　　（1）双击打开素材文件夹中的"演示案例：制作 UI 设计作品效果展示图 .psd"源文件，打开后样机效果如图 3-61 所示。在图层面板中找到智能对象"手机"图层，双击"手机"图层的缩略图，如图 3-62 所示。

图 3-61　样机效果图

图 3-62　双击智能对象缩略图

　　（2）在新打开的文档中找到"替换页面"图层，同理双击该图层的缩略图，此时将再次打开一个新的文档。将素材文件夹中的"手机 App 页面"素材拖曳至最新打开的文档内，且将该素材放置在所有图层的上方，如图 3-63 所示。

　　（3）在工作舞台上方的标题栏中依次关闭两个新打开的文档，并在弹出的保存提示对话框中单击"是"按钮，保存对文件的更改，如图 3-64 所示。此时在"演示案例：制作 UI 设计作品效果展示图"文档中可以看到手机中的 App 页面已经替换完成，效果如图 3-65 所示。

图 3-63　替换手机 App 页面

图 3-64　保存更改

图 3-65　替换后的效果

**2．替换智能手表页面**

（1）同理在"02 演示案例：制作 UI 设计作品效果展示图"文档中找到"智能手表"图层，双击"智能手表"智能对象的缩略图打开新的文档，在新文档中再次双击"替换页面"智能对象的缩略图。

（2）将素材文件夹中的"智能手表页面"置入最新打开的文档中，移到"图层"面板的顶部。

（3）依次关闭新打开的两个文档，并在弹出的对话框中单击"是"按钮保存更改，完成效果如图 3-66 所示。

**3．替换盒子文字与便签的 Logo**

（1）在"演示案例：制作 UI 设计作品效果展示图"文档中找到"盒子"图层，双击打开"盒子"图层中的文档，再

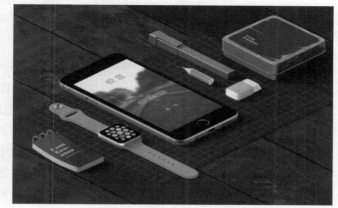

图 3-66　替换智能手表页面

次双击新文档中的"替换文字"图层的缩略图。

（2）在最新的文档中置入文字"悦途让旅途更有爱"和"您的火车贴心小管家 智慧出行不用愁"素材。

（3）隐藏文档中其他文字图层的眼睛显示，制作过程如图 3-67 所示。完成对所有更改的保存，效果如图 3-68 所示。同理替换便签中的 Logo，最终效果如图 3-60 所示。

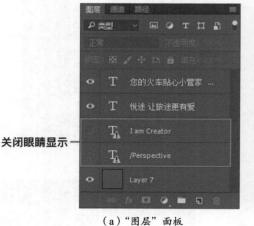 

（a）"图层"面板　　　　　　　　（b）效果

图 3-67　文字替换

图 3-68　盒子文字替换完成效果

## 3.3　图层样式的应用

图层样式又称为图层效果，可以添加在大部分图层上，快速模拟出物体的光影、色彩、纹理和质感等效果。可通过 3 种方式添加图层样式：①执行菜单栏中的"图层"→"图层样式"命令；②单击"图层"面板下方的"添加图层样式"按钮；③双击图层后方空白的地方，在弹出的"图层样式"对话框中选择相应的样式。

单击"图层样式"对话框左侧的样式名称，可激活不同的样式。单击样式名称右侧的增加按钮，可添加多个相同类型的图层样式。单击对话框下方的"删除"按钮，可删除多余的图层样式。取消勾选图层样式名称左侧的复选框，可暂时隐藏图层样式的效果，如图 3-69 所示。

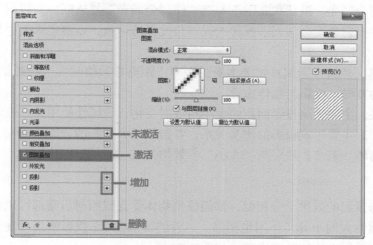

图 3-69　"图层样式"对话框

## 3.3.1　光影类图层样式的应用

### 1. 投影

"投影"是 Photoshop 中使用频率较高的图层样式之一,如图 3-70 所示。在 UI 设计中为卡片添加投影效果,可有效区分物体的空间关系,拉开物体的空间层次,避免物体与背景的边界混淆。

（a）无法区分边界　　　　　（b）空间关系明确

图 3-70　投影的效果

图 3-71 所示为"投影"面板,主要分为"结构"和"品质"两个选项组。本小节着重讲解结构中常用的属性及其参数设置,其中的混合模式将在第 4 章中详细讲解。

（1）颜色。单击颜色块,可在弹出的"拾色器（投影颜色）"对话框中更改投影的颜色,一般不建议使用色值（H:0, S: 0, B: 0）作为投影,避免投影色彩偏暗。

（2）不透明度。左右拖曳滑块,可根据需要调整投影的明暗程度。

（3）角度。按住鼠标左键并拖曳转盘中的

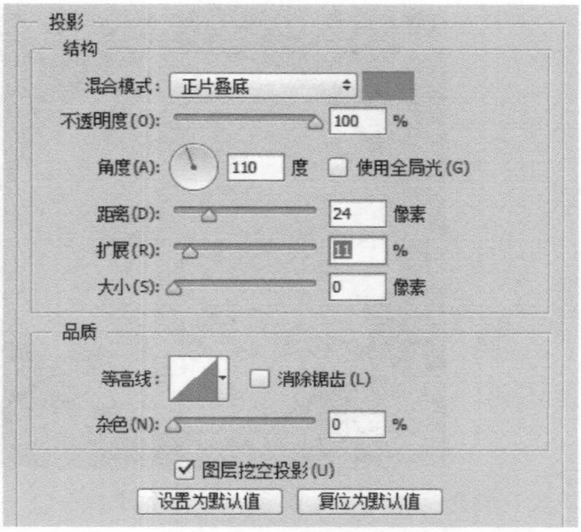

图 3-71　"投影"面板

指针，调整投影的角度，或在右侧的文本框中直接输入投影的度数。

（4）使用全局光。默认状态下不勾选"使用全局光"复选框，当启用全局光后，其他图层样式的投射角度会与当前投影的投射角度保持一致，以避免画面中的光影投射角度不一致。

（5）距离。是指投影偏移物体本身的距离。距离参数值越大，投影偏离物体越远。当投影距离为 0 时，投影与物体重叠。

（6）扩展。主要影响投影面积的大小与虚实变化，该属性使用频率较低。

（7）大小。主要影响投影的虚实关系，参数值越大投影的边缘越模糊，参数越小投影的边缘越清晰。若"扩展"与"大小"参数均为 0，那么投影不可见。

### 2．内阴影

内阴影与投影的效果十分相似，都能模拟物体受光线照射后暗部区域出现影子的现象。二者的属性大同小异，作用也相似。二者的区别在于：投影效果呈现在物体轮廓外部，而内阴影投射在物体轮廓内部，如图 3-72 所示。

（a）原图　　　　　　（b）投影　　　　　　（c）内阴影

图 3-72　投影与内阴影

### 3．外发光

"外发光"图层样式可以模拟发光物体在现实生活中的发光效果，主要作用于物体的外边缘轮廓，从物体的外边缘向四周发散光芒，所以"外发光"图层样式中没有角度属性。图 3-73 所示为月亮添加外发光图层样式前后的效果。图 3-74 所示为外发光增加杂色后的效果，外发光样式中添加杂色后，柔和的色彩过渡中会出现颗粒状肌理效果，但是杂色属性参数值不宜过大。

（a）原图　　　　　　　　　　（b）添加外发光后

图 3-73　外发光

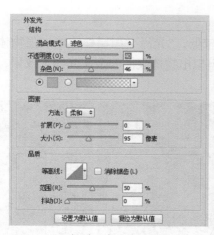
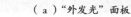

（ a ）"外发光"面板　　　　　　　　　　（ b ）增大杂色参数后

图 3-74　添加杂色

## 4. 内发光

"内发光"图层样式是仅作用于物体内部的效果，其原理与外发光相似。内发光区别于外发光的属性是"源"。图 3-75 所示为"内发光"面板及不同"源"的显示效果。一般情况下，为了使画面层次更丰富，可以同时使用内发光和外发光样式，如图 3-76 所示。

图 3-75　内发光的"源"属性

（a）外发光　　　　　　　　（b）内发光　　　　　　　（c）外发光和内发光

图 3-76　外发光与内发光

### 5. 光泽

"光泽"图层样式在 UI 设计中的使用频率较低,"光泽"图层样式能加强物体表面色彩的明暗对比,改变色彩的饱和度及色相,模拟出物体表面的金属光泽等效果,如图 3-77 所示。

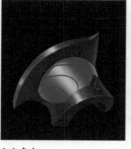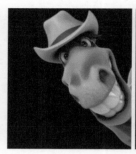

(a)改变色相                    (b)改变饱和度与明度

图 3-77 光泽

## 3.3.2 色彩类图层样式的应用

### 1. 颜色叠加

"颜色叠加"图层样式的属性较少,主要包括混合模式、颜色和不透明度等。叠加不同的颜色,能改变物体的色相。为图片添加色值为(H:38,S:91,B:88)的黄色,不透明度参数为 100%,混合模式为叠加。图片颜色从蓝灰色变成黄绿色,其质感、纹理并未发生变化,如图 3-78 所示。

(a)原图                    (b)添加颜色叠加后

图 3-78 颜色叠加

### 2. 渐变叠加

"渐变叠加"是 UI 设计中常用的图层样式之一,能模拟出物体表面的色彩渐变过渡效果。图 3-79 所示为"渐变叠加"面板,下面主要讲解渐变叠加在 UI 设计中常用且难于理解的属性。

（1）渐变编辑器。单击渐变条，可在弹出的"渐变编辑器"对话框中设置渐变的效果。图 3-80 所示为"渐变编辑器"对话框，在渐变条上有上下两排色标：①上排色标可调整渐变色彩的不透明度，单击色标后可在下方的不透明度文本框中输入不透明度参数值；②下排色标可调整渐变的颜色，双击色标或单击颜色块，可在弹出的"拾色器（色标颜色）"对话框中选择色彩。

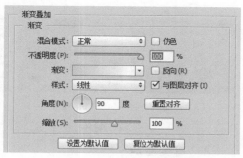

图 3-79　"渐变叠加"面板

可单击渐变条附近空白处添加色标，单击色标，色标笔尖变为黑色后，按住鼠标左键并向下拖曳色标，可将色标删除。

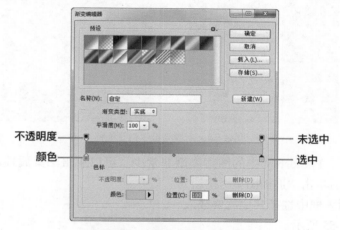

图 3-80　"渐变编辑器"对话框

（2）样式。渐变叠加支持线性、径向、角度、对称的和菱形渐变样式，UI 设计中较为常用的是线性渐变与径向渐变。各种渐变的效果如图 3-81 所示。

（a）线性　　　　（b）径向　　　　（c）角度　　　　（d）对称的　　　　（e）菱形

图 3-81　渐变的类型

（3）缩放。主要调整两个颜色色标之间的位置。增大参数值时，两个色标的距离增大，颜色过渡更为自然柔和；减小参数值时，两个色标的距离缩小，颜色过渡更为直接明显，如图 3-82 所示。

（4）其他属性。①可以在编辑渐变叠加时，长按鼠标左键拖曳工作栏中的渐变，此时可以移动渐变的整体位置，如图 3-83 所示；②渐变位置发生变化后，单击属性中"重置对齐"按钮，可将渐变的位置恢复至默认的起始位置；③可以勾选"反向"复选框，将渐变的起止位置进行颠倒。

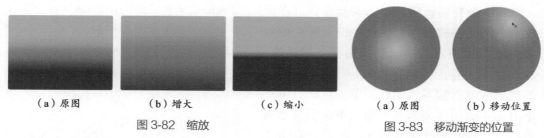

（a）原图　　　　（b）增大　　　　（c）缩小　　　　（a）原图　　（b）移动位置

图 3-82　缩放　　　　　　　　　　　　　图 3-83　移动渐变的位置

### 3. 图案叠加

"图案叠加"图层样式可以快速模拟出各种纹理效果，如木纹、纸张、岩石、几何图形等，图 3-84 所示为木纹与纸张材质的图标。

图 3-84　木纹与纸张材质图标

默认状态下，Photoshop 中的图案类型非常少。可以单击图案属性右侧的"图案拾色器"按钮，然后单击"追加图案"按钮，在弹出的下拉列表框中选择其他需要载入的图案，如图 3-85 所示。

此外，还可以自定义图案的类型。首先将图案置入 Photoshop 中，然后执行菜单栏中的"编辑"→"定义图案"命令，在弹出的"图案名称"对话框中单击"确定"按钮，即可在"图案叠加"图层样式的"图案"属性中浏览并使用自定义的图案，如图 3-86 所示。

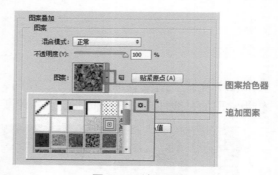

图 3-85　追加图案

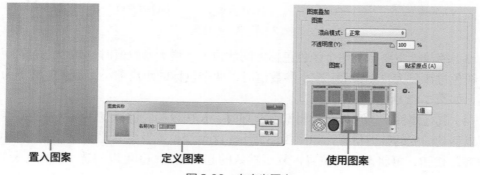

置入图案　　　　　定义图案　　　　　使用图案

图 3-86　自定义图案

### 4．描边

"描边"是 UI 设计中使用频率较高的图层样式之一，为图形图标添加边框，可以使物体的轮廓边缘更清晰，画面细节更丰富，层次更饱满，如图 3-87 所示。

描边的属性相对较少，包括大小、位置、混合模式、不透明度、填充类型，如图 3-88 所示。其中，描边的位置包括 3 种类型：外部、内部和居中，填充的类型包括颜色、渐变、图案。

图 3-87　描边图标

图 3-88　"描边"面板

### 5．斜面和浮雕

"斜面和浮雕"图层样式主要用于增加物体的厚度，使物体呈现出立体的浮雕效果。图 3-89 所示为"斜面和浮雕"面板。"斜面和浮雕"图层样式的属性较为庞杂，下面主要介绍其中重要且难理解的属性。

（1）样式。包含 5 种斜面和浮雕的样式，其中较为常用的是内斜面与外斜面，应用效果如图 3-90 所示：内斜面是在物体的边缘轮廓以内形成厚度；外斜面是在物体的边缘轮廓以外形成厚度；浮雕效果是二者的结合，既有内斜面又具备外斜面；枕状浮雕使用频率较低；描边浮雕必须与"描边"图层样式结合使用，是在物体的描边上形成的厚度，所以要先应用"描边"图层样式，才能观察到其应用效果。

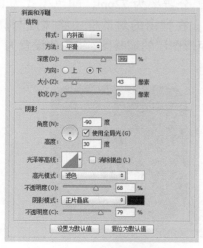

图 3-89　"斜面和浮雕"面板

（a）内斜面

（b）外斜面

图 3-90　内斜面与外斜面的应用

（2）方法。支持 3 种创建斜面和浮雕的方法，即平滑、雕刻清晰与雕刻柔和，如图

3-91 所示。平滑能使斜面和浮雕的过渡自然柔和；雕刻清晰与雕刻柔和的效果相仿，过渡十分尖锐、硬朗。此外，"软化"属性可以使硬朗的过渡效果变得更为平滑。

（a）平滑　　　　　（b）雕刻清晰　　　　　（c）雕刻柔和

图 3-91　斜面和浮雕的多种处理方法

（3）大小。"大小"属性主要影响斜面和浮雕的厚度，参数值越大，物体越厚，立体感越强。当然，"深度"属性同样能加强物体表面的立体感，其参数值越大，立体感越明显。

（4）高光与阴影模式。可以单击相应色块设置高光颜色与阴影颜色，移动"不透明度"属性上的滑块或输入精确的数值，可以改变斜面和浮雕高光与阴影的色彩透明度。

### 3.3.3　演示案例：制作拟物风格手机 App 启动图标

【素材位置】/ 第 3 章 /03 演示案例：制作拟物风格手机 App 启动图标。

拟物风格手机 App 启动图标完成效果如图 3-92 所示。

拟物图标是指模拟现实世界中物体的质感、纹理与色彩，通过写实的方式将物体展现出来的图标类型，目前广泛应用于游戏类 App 中。UI 设计师使用 Photoshop 中的图层样式，可快速模拟出拟物图标中常见的材质类型。拟物图标中常见的材质类型包括金属、玻璃、布料、木纹、塑料和液体等。

图 3-92　手机 App 启动图标

拟物风格手机 App 启动图标制作步骤如下。

#### 1. 制作背景

（1）新建一个 1024px × 1024px 的文档，分辨率为 72ppi，颜色模式为 RGB 颜色。切换至圆角矩形工具，在工作舞台中单击，在弹出的对话框中将宽度与高度设置为 1024px，圆角半径设置为 160px。双击圆角矩形图层的缩略图，将色值设置为（H:0,S:0,B:23），效果如图 3-93 所示。

图 3-93　制作圆角矩形

（2）双击圆角矩形图层右侧空白处，在弹出的"图层样式"对话框中勾选"渐变叠加"图层样式复选框，将渐变叠加的混合模式设置为"叠加"；渐变样式设置为"径向"。

边缘颜色，即起点颜色设置为（H:0, S:0, B:6）; 内部颜色，即终点颜色设置为（H:0, S:0, B:53）单击"确定"按钮，如图 3-94 所示。

（a）属性面板

（b）编辑渐变颜色

（c）效果

图 3-94　添加径向渐变

（3）勾选"图案叠加"图层样式复选框，将混合模式设置为"叠加"。单击图案属性右侧的"图案拾色器"按钮，单击"追加图案"按钮追加"图案"。将图案样式设置为"嵌套方块"（64px × 64px，灰度模式）。最后将缩放参数设置为 77%，图案纹理不宜过大。单击"确定"按钮，如图 3-95 所示。

（a）追加图案

（b）属性设置

（c）效果

图 3-95　添加图案叠加

## 2. 制作图标主体

（1）切换至矩形工具，在背景上绘制一个宽度为 80px、高度为 390px 的矩形。选中矩形，按 Ctrl+J 组合键对矩形进行复制，然后按 Ctrl+T 组合键调出矩形的定界框，将鼠标指针移至定界框的边角，按住 Shift 键，将矩形向右旋转 90°，适当调整其位置。同理制作图标的其他结构，效果如图 3-96 所示。

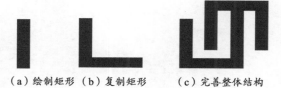
（a）绘制矩形　（b）复制矩形　　（c）完善整体结构

图 3-96　主体结构

（2）选中所有矩形，按 Ctrl+E 组合键将所有矩形进行合并，将工具保持在矩形

（a）合并图层　（b）合并形状组件　（c）旋转角度

图 3-97　确定主体形状

工具状态，单击属性栏中的"路径操作"按钮，对矩形进行合并形状组件操作。最后选中合并后的矩形，按 Ctrl+T 组合键，将图形向右旋转 60°，效果如图 3-97 所示。

### 3. 制作图标样式

（1）双击图标图层右侧空白处，在弹出的"图层样式"对话框中勾选"斜面和浮雕"图层样式复选框，将样式设置为"内斜面"，方法设置为"雕刻清晰"，大小设置为7px，软化设置为0px。单击"确定"按钮，效果如图 3-98 所示。

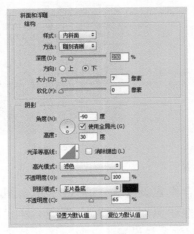 

（a）斜面和浮雕设置　　　　　　　　　　　　　　　（b）效果

图 3-98　添加斜面和浮雕

（2）勾选"描边"图层样式复选框，为图形添加一个大小为 3px 的灰色描边，描边位置设置为"外部"，不透明度为 52%，填充类型为"渐变"。然后勾选"投影"图层样式复选框，将不透明度设置为 36%，角度设置为 130°，距离设置为 22px，大小设置为16px。若一层投影效果不够逼真，可以再增加一层投影。单击"确定"按钮，效果如图3-99 所示。

（a）描边和投影设置　　　　　　　　　　　　　　　（b）效果

图 3-99　添加投影和描边

（3）勾选"渐变叠加"图层样式复选框，将混合模式设置为"正常"，不透明度设置为 100%，角度设置为 157°。样式设置为"线性"，适当增加色标的数量，模拟出金属的反光效果。单击"确定"按钮，效果如图 3-100 所示。

### 4. 制作文字效果

切换至文字工具，输入文字。选中文字，按 Alt+ →组合键适当加大字间距。然后选中图标图层，单击鼠标右键，在弹出的快捷菜单中执行"拷贝图层样式"命令。最后选中文字图层，单击鼠标右键，在弹出的快捷菜单中执行"粘贴图层样式"命令，将图标上的图层样式粘贴到文字图层上，效果如图 3-101 所示。

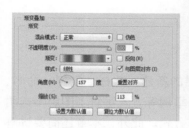

（a）渐变叠加设置

（b）编辑渐变效果

（c）效果

图 3-100　添加渐变叠加

（a）输入文字

（b）调整字距

（c）复制图层样式

图 3-101　制作文字效果

## 课堂练习：制作红黄蓝拟物图标

【素材位置】素材 / 第 3 章 /03 课堂练习：制作红黄蓝拟物图标。

运用本章介绍的图层的基本操作与图层样式，制作 3 个拟物风格小图标，完成效果如图 3-102 所示，具体制作要求如下。

案例：红黄蓝游戏按钮

图 3-102　制作红黄蓝拟物图标

（1）造型。保证图标主体饱满、大小适当，保证 3 个图标大小一致、圆角半径一致，在视觉效果上保持一致。

（2）配色。图标配色可以与效果图有所不同，但需保证 3 个图标的色彩明度与饱和度大体一致。

（3）效果。需添加图层样式，能明显区分出图标的层次。图标外边缘包含两条描边，图标背景与文档背景通过投影进行区分，图标背景的色彩从上到下进行渐变过渡，图标主体元素有向内凹陷的效果。

## 本章小结

本章围绕图层在 UI 设计中的应用，详细讲解了图层的新建、选择、复制、命名、成组、过滤等常用的基本操作。此外还通过对比、定义、举例等方式讲解了图层不透明度与填充，合并与盖印，对齐与分布的概念、原理及操作方式。此外，本章还简要讲解了像素图层、智能对象、形状图层和文本图层的概念与建立方法。

本章的重点与难点是图层样式的理解与应用，读者需要掌握 UI 设计中常用图层样式的应用方法，如投影、内阴影、描边、渐变叠加等，通过加强练习，熟悉常用图层样式在各类设计场景中的应用。

## 课后练习：制作拟物启动图标

【素材位置】素材 / 第 3 章 /04 课后练习：制作拟物启动图标。

综合运用本章所介绍形状图层与图层样式的相关知识，制作两个拟物风格启动图标，效果如图 3-103 所示，具体制作要求如下。

（1）元素层次。首先需包含图标主体，其次需使用圆角矩形绘制图标的背景，另外还需使用两个圆表现出圆框内嵌的效果。

（2）图标配色。图标整体配色可以与效果图有所不同，但需保证颜色过渡自然，体现出光源自上而下的投射效果。

（3）图层样式。图标背景的两个圆角矩形需使用斜面和浮雕制作出立体感，使用线性渐变体现光自上而下投射的效果。圆框需使用内阴影体现出凹陷效果。使用线性渐变体现出内圆上半部分被遮挡偏暗、下半部分受环境光影响稍微偏亮的过渡效果。

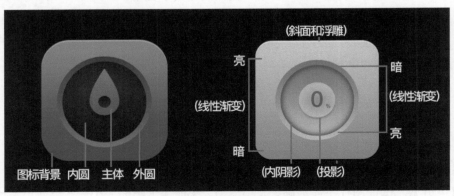

图 3-103　制作拟物启动图标

# 第 4 章

# 调整图层及混合模式在 UI 设计中的应用

## 【本章目标】

　○ 了解调整图层的概念和作用，掌握调整图层的创建、删除和应用方法。

　○ 掌握"亮度／对比度""色阶""曲线"等常用明度类调整图层的使用方法，并区分其应用方式的差别。掌握"色相／饱和度"和"色彩平衡"等常用色相及饱和度类调整图层的使用方法。

　○ 熟悉 UI 设计中配图色彩问题的分析思路和方法，能根据设计需求灵活运用调整图层对配图进行色彩的调整。

　○ 了解图层混合模式的概念、分类、作用和应用方法，掌握"正片叠底""叠加""变亮""颜色"等常用混合模式的应用场景，能灵活运用常用的混合模式进行图像设计。

## 【本章简介】

　　大部分设计工作都与图片相关，从图形设计、商业修图、图像合成到平面设计、网页设计、手机 App 设计，都需要广泛应用图片素材。要将所有的图片素材整合到同一界面或整个作品体系中，需要考虑图片本身的色相、明度和饱和度与整体的关系，以更好地表现作品的主题和内容，避免不同的图片在组合使用时出现色彩单调乏味或过分跳跃、配色唐突、画面模糊不清等现象。

　　图片素材的来源十分广泛，有网络图片资源、摄影师的摄影作品、插画师的绘画作品、UI 设计师合成的图片等。应用图片素材时，要根据设计需求，灵活运用 Photoshop 中的调整图层及图层混合模式，调整图片素材的色彩效果。本章围绕调整图层及混合模式在 UI 设计中的应用，详细讲解调整图层及混合模式的使用方法和应用场景。

## 4.1 Photoshop 明度类调整图层

调整图层是 Photoshop 中的一种特殊图层，能够根据图片的色彩属性，对图片的色彩信息进行变更。调整图层的种类非常多，根据其作用可以简单分为明度类调整图层、色相类调整图层和饱和度类调整图层等。

调整图层

Photoshop 调整命令

常见图像调整命令

调整图层是 UI 设计中较常用的图层，创建常用的调整图层都有对应的快捷键。除了使用快捷键创建调整图层外，还可以通过以下 3 种方式创建调整图层，如图 4-1 所示。

（a）"新建调整图层"菜单中的命令　　（b）"调整"菜单中的命令　　（c）"图层"面板中的快捷菜单

图 4-1　调整图层的创建方法

（1）执行菜单栏中的"图层"→"新建调整图层"命令建立调整图层，调整图层以新图层的形式出现在"图层"面板中，如图 4-2 所示。此方式创建的调整图层是可逆的、非破坏性的，可以反复对参数进行修改。

（2）执行菜单栏中的"图像"→"调整"命令建立调整图层，当前创建的调整图层直接作用于像素图层和智能对象上，在"图层"面板中不会单独生成一个新的图层。

可以在弹出的"属性"面板中调整图片的色彩，关闭面板后，像素图层中不会保留相应的操作过程，此调整是不可逆转的、破坏性的。在智能对象中则会保留操作过程，双击调整图层的名称就可以查看且再次修改图层中的参数，如图 4-3 所示。

此方式创建的调整图层无法作用于文字图层、形状图层和组，在 Photoshop CC 2014 以前的版本中，通过这种方式甚至不能在智能对象上添加调整图层。

图 4-2　调整图层

图 4-3　智能对象上的调整图层

（3）单击"图层"面板下方的"创建新的填充或调整图层"按钮，在弹出的快捷菜单中选择创建。此方式创建的调整图层同样以新图层的形式出现在"图层"面板中。快捷菜单中整合了填充图层，所以还可以通过此菜单创建填充图层。

创建并修改调整图层的参数，调整图层下方的所有图片的色彩都将受到影响。调整图层的删除与其他图层类似，选中调整图层，按住鼠标左键将其拖曳至"图层"面板下方的"删除图层"按钮或直接按 Delete 键即可将其删除。

## 4.1.1　"亮度 / 对比度"调整图层的应用

（1）亮度。亮度主要是调整图片中的明度信息，0 表示没有调整，−150 表示最暗，150 表示最亮。

图 4-4 所示为原始素材，画面明显偏暗、显脏，所以需要提高画面的亮度。给原图层添加"亮度 / 对比度"调整图层，然后分别对调整亮度前后的同一取样点进行拾色，原图中的色值为（H:207，S:8，B:42）。将图片的亮度值从 0 调整至 87，取样点色值变成（H:207，S:6，B:70），变化较大的参数是明度值，从 42% 变成 70%，而色相与饱和度几乎不变，如图 4-5 所示。

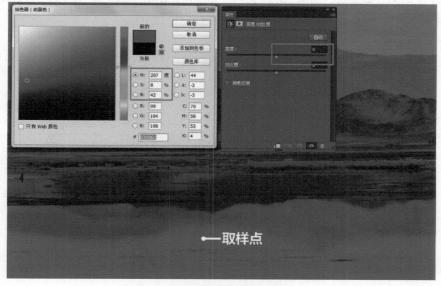

图 4-4　亮度调整前

图 4-5　亮度调整后

（2）对比度。对比度依然是对色彩明度的调整，但是对比度不只是提高或降低图片的明度，而是同时调整图片中的暗部与亮部信息。若提高对比度，明度值低于 50% 的暗部区域明度被降低，明度值高于 50% 的亮部区域明度被提高，从而拉开暗部与亮部的差异，使画面的边缘轮廓更加清晰。若降低对比度，明暗之间的差异将被削弱，色彩更趋于统一。通过对比度调整图片的明度时，要根据设计需要灵活调整参数，不是对比度越强越好，也不是对比度越弱越好。

对图 4-5 中提高亮度后的图片进行对比度的调整，图片处于一片灰蒙蒙的状态，这是对比不够强烈造成的，所以需要添加"亮度 / 对比度"调整图层提高画面的对比度。图 4-6 和图 4-7 所示为调整对比度前后，亮部区域取样点的色值分别为（H:201，S:9，B:44）与（H: 201，S:8，B:67），由此发现亮部区域的明度值在提高。暗部区域取样点的色值分别为（H:232，S:5，B:36）与（H:230，S:8，B:29），由此发现暗部区域明度值在下降。

图 4-6　对比度调整前

图 4-7　对比度调整后

## 4.1.2　"色阶"调整图层的应用

（1）色阶的概念。事实上，每种颜色都具有明度这一属性。在 Photoshop 中，当色域为 8 位时，白色的色值为（H:255，S:255，B:255），即白色的明度为 255。黑色的色值为（H:0，S:0，B:0），即黑色的明度为 0。若将所有色彩的明度值按照从低到高的顺序进行排列，那么将有 256 种明度依次进行排列，并且呈现为由暗到明的阶梯状，如图 4-8 所示。这就是色阶，色阶是色彩明暗程度的评判标准。

图 4-8　色阶

（2）"色阶"调整图层的原理。图 4-9 所示为"色阶"调整图层的属性面板，虽然色阶的属性面板与亮度 / 对比度的属性面板差异较大，但是二者在调整原理、调整方法和调整效果等方面大同小异。直方图所呈现的是当前被调整图像的明暗关系，当前图像左侧峰值较高，表示该图像中大部分色彩的明度集中在该范围内，且图像中大部分色彩的明度偏低。右侧为高光的控制范围，高光的峰值较低，控制范围相对较小。

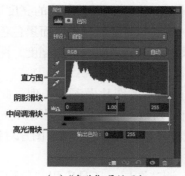

（a）"色阶"属性面板

（b）被调整的图片

图 4-9　色阶的主要参数

（3）高光的调整。使用"色阶"调整图层属性面板对原图层进行调整，由直方图可知，当前图像大部分色彩的明度集中在中间调区域，所以整体画面偏灰、显脏。按住鼠标左键向左侧移动高光滑块，可以简单理解为白色色阶的控制范围在扩大，事实上是给所有高光区域色彩的明度一个加权值，让其明度值增大，图片整体明显提亮，如图 4-10 和图 4-11 所示。

图 4-10　提亮画面前

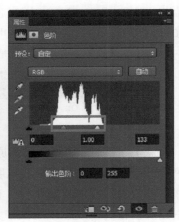

图 4-11　提亮画面后

（4）中间调的调整。如果此时向左移动中间调滑块，那么图片的亮度进一步提高，因为灰色色阶的色彩控制范围在扩大，图片中灰色的明度值加大，而黑色色阶控制范围在缩小，所以图片依然表现为亮度提高。如果过分调高当前图片的亮度，图片将"曝光过度"。

（5）阴影的调整。继续对图 4-11 中提亮画面后的图片做深入处理，此时需要让图片中暗部区域更暗，才能将图片的对比度拉开，所以此时可以将阴影滑块向右移动，扩大黑色色阶的控制范围，即将黑色色阶的明度值降低，从而达到增大图片对比度的目的，如图 4-12 和图 4-13 所示。

由此发现，无论是应用"亮度 / 对比度"调整图层，还是应用"色阶"调整图层，都可以对同一图片的明度做相同的处理，其原理也大致相同。

图 4-12　增大对比度前

图 4-13　增大对比度后

### 4.1.3　"曲线"调整图层的应用

（1）"曲线"调整图层的原理。光的三原色为红、绿、蓝，Photoshop 中所有的颜色都可以由红、绿、蓝 3 种光组成。图 4-14 所示为"曲线"调整图层的属性面板，曲线中包含 4 个通道：RGB 通道、红通道、绿通道和蓝通道。

"曲线"调整图层可以根据通道对画面的色彩进行调整，"曲线"调整图层的每个通道可以单独调整画面中相应光的色相。默认情况下，调整的通道为 RGB 通道，RGB 通道所调整的是图片整体的明度值。

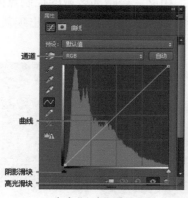

（a）"曲线"属性面板　　　　　（b）被调整的图片

图 4-14　曲线的主要参数

（2）"曲线"调整图层的样式。"曲线"调整图层默认的样式为直线，如图 4-14 所示。可以在直线上单击添加控制点，然后将鼠标指针移至控制点附近，当鼠标指针形状变成双箭头时，按住鼠标左键可以向上或向下移动控制点，直线的形态随之发生改变。控制点向上移动，图像的亮度增强，如图 4-15 所示；控制点向下移动，图像的亮度减弱，如图 4-16 所示。

图 4-15　提升亮度

图 4-16　降低亮度

可以根据图像的特点和设计的需要，在曲线上添加多个控制点。曲线的形态除了以上 3 种类型外，"S"形曲线也是使用频率非常高的类型。"S"形曲线需要在曲线中增加两个控制点，将其中一个控制点向上移动，另一个控制点向下移动。

"S"形曲线的作用是对画面对比度的调整，如图 4-17 所示。左侧为暗部区域，控制点向下移动，画面中的暗部区域更暗；右侧为亮部区域，控制点向上移动，画面中的亮部区域更亮，此时画面的明暗对比更明显。相反，若暗部区域的控制点向上移动，亮部区域的控制点向下移动，那么画面的对比度将被削弱，整体将会出现灰蒙蒙的效果，如图 4-18 所示。

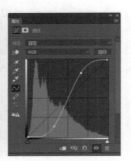

图 4-17　"S"形曲线加强对比度

图 4-18　"S"形曲线削弱对比度

无论是明暗对比强烈的画面，还是灰蒙蒙的画面，都不是美观的画面效果。但是，画面效果应服从于主体内容，如果画面所表现的主题是关于战争、污染的，那么削弱对比度后灰蒙蒙的画面才是符合主题需求的。需要根据设计的内容，灵活运用"曲线"调整图层处理画面。

### 4.1.4　"曝光度"调整图层的应用

"曝光度"一词源于摄影，是指相机感光元件被光线照射的程度。Photoshop 中的曝光度是指画面本身的明度，应用"曝光度"调整图层处理画面前，需要先判断画面的曝光情况：画面偏暗，则称为"曝光不足"，此时需要增加曝光量，以提亮整体画面；若画面偏亮，则称为"曝光过度"，需要减少曝光量，平衡画面的光感。

图 4-19　"曝光度"属性面板

图 4-19 所示为"曝光度"调整图层的属性面板，其主要属性介绍如下：

①将曝光度滑块向右移动增加曝光度，向左移动则减少曝光度；②位移滑块主要用于调整画面的对比度，滑块向左移动画面对比度加强，滑块向右移动画面对比度减弱；③灰度系数校正滑块主要用于调整中间调色彩的明度，滑块向右移动画面对比度加强，这与位移刚好相反，反之亦然。

### 4.1.5　演示案例：制作摄影 App 启动页

【素材位置】素材 / 第 4 章 /01 演示案例：制作摄影 App 启动页。

摄影 App 启动页制作完成效果如图 4-20 所示。

启动页是手机 App 中常见的页面类型，是指出现在手机 App 刚启动后、进入手机 App 首页前的过渡页面。这种页面一般停留 5 秒左右，然后自动消失。启动页的作用类似于书籍的封面，既能包装、宣传 App，同时也能投放广告。

启动页的设计风格十分多样，可以使用手绘插画，也可以使用摄影大图；可以是合成图片，也可以是动态视频。启动页作为一款 App 的"封面"，务必要保证其美观性，由于停留时间不长，所以其承载的内容不宜过多。

摄影 App 启动页制作步骤如下。

### 1. 制作启动页画面

（1）制作启动图标区域：①新建一个 750px × 1334px 的文档，分辨率为 72ppi，颜色模式为 RGB 颜色；②使用选框工具在页面底部绘制一个高度为 164px 的矩形选区，并拖曳参考线标注当前位置，按 Ctrl+D 组合键取消选区；③置入启动图标，使用文字工具输入 App 名称与企业标语，然后为启动图标与文字添加阴影图层样式，制作过程如图 4-21 所示。

（2）制作图片区域：①置入背景图片，适当调整其大小，使用圆角矩形工具绘制跳过按钮背景，圆角矩形色值为（H:120，S:15，B:92），使用文本工具输入文字"跳过"，并为文字添加阴影图层样式；②执行菜单栏中的"视图"→"新建参考线"命令，在弹出的"新建参考线"对话框中新建参考线，将图片区域划分为 15 等份，其中

图 4-20　摄影 App 启动页

垂直参考线位置为 250px 和 500px，水平参考线位置为 234px、468px、702px、936px；

图 4-21　制作启动图标区域

③使用参考线在白色矩形上绘制图像的分割线，水平分割线的宽度为 750px、高度为 2px，垂直分割线的宽度为 2px、高度为 1170px，效果如图 4-22 所示。

图 4-22　制作背景大图

## 2. 调整图片明度

虽然 15 个方格是均分的，实际物理空间是等大的，但是由于顶部区域 3 个方格是大面积的留白区域，所以在视觉上相对其他方格更大。而中间花瓶区域的方格内容较为饱满，所以显得相对拥挤，视觉面积看起来小很多。

当实际物理空间与视觉感官的空间不对等时，一般以视觉效果作为参考。可以适当移动分割线的位置，使各个方格在视觉上相等。

（1）在"图层"面板中选中背景图片图层，将背景图片图层置于"图层"面板的底部。

然后切换至矩形选框工具，绘制一个与第一个方格等大的矩形选区。

最后在有选区的前提下，单击"图层"面板下方的"创建新的填充或调整图层"按钮创建一个"亮度 / 对比度"调整图层，此时选区自动消失，操作过程如图 4-23 所示。

图 4-23　创建调整图层

（2）在弹出的"亮度 / 对比度"属性面板中，将"亮度"参数设置为 90。此时调整图层仅对第一个方格的区域进行明度调整，效果如图 4-24 所示。同理，在第二个方格上创建选区，在有选区的前提下创建第二个"亮度 / 对比度"调整图层，将其"亮度"参数设置为 80，同理依次共创建 15 个"亮度 / 对比度"调整图层，亮度参数分别为 90、80、70、60、50、40、30、20、10、0、−10、−20、−30、−40、−50，最终完成效果如图 4-20 所示。

图 4-24　设置"亮度"参数

## 4.2　Photoshop 色相及饱和度类调整图层

在界面设计、图像合成中，为保证画面的协调与统一，还需要对画面的色相及饱和度进行调整。在 Photoshop 中，常用的色相及饱和度类调整图层包括"自然饱和度""色相 / 饱和度""色彩平衡""黑白""照片滤镜"等调整图层。

### 4.2.1　"自然饱和度"调整图层的应用

"自然饱和度"调整图层的属性面板中主要参数包括"自然饱和度"与"饱和度"。

（1）自然饱和度。主要调整图片中颜色的饱和度，为风景照片添加"自然饱和度"调整图层，将"自然饱和度"的参数设置为 100，对原图与调整后的取样点进行拾色，调整前后色值分别是（H:68，S:63，B:44）和（H:67，S:86，B:45），颜色属性参数变化最明显的是饱和度，（落差）值为 23%，其他属性变化不明显，如图 4-25 和图 4-26 所示。

（2）饱和度。提高饱和度能整体提升所有颜色的鲜艳程度，饱和度过高会导致过度饱和、局部细节丢失、图片失真等现象。最常见的是人物皮肤过度饱和。将原图的"饱和度"参数调整为 100，人物皮肤呈现为橙色，衣服褶皱等细节丢失，显得非常不自然，如图 4-27 所示。相比之下，自然饱和度相对更为智能，能智能识别并保护已经饱和的像素，所以在调整时会大幅度增加不饱和像素的饱和度，对已经饱和的像素只做细微的调整。

图 4-25　未调整自然饱和度前

图 4-26　调整自然饱和度后

（a）原图　　　　　　　（b）自然饱和度：100　　　　　　（c）饱和度：100

图 4-27　参数对比

## 4.2.2　"色相 / 饱和度"调整图层的应用

"色相 / 饱和度"调整图层属性面板主要由色相、饱和度和明度 3 个属性组成，如图 4-28 所示。默认状态下，是对全图颜色的调整。事实上，"色相 / 饱和度"与"曲线"调整图层相类似，可以对图像中的某种色彩进行单独调整，包括红色、黄色、绿色、青色、蓝色和洋红。

（1）色相。将不同色彩的光波长进行排列，可以得到红黄绿青蓝紫的光谱，将光谱首尾相连便得到色环，如图 4-29 所示。色环上的颜色以一定度数的扇形进行区分，取值范围为 0°~359°。默认状态下，"色相／饱和度"调整图层中"色相"参数为 0，以原有色相作为起点，在色环上顺时针旋转 180° 或逆时针旋转 180°，都能旋转到该色相的对立面，即该色相的互补色，所以"色相"的取值范围是 −180~180。

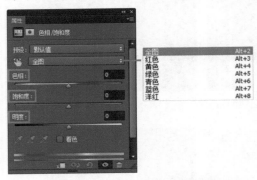

图 4-28　"色相／饱和度"调整图层属性面板

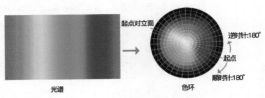

图 4-29　色相属性

移动"色相"上的滑块或在右侧输入数值改变图像的色相，事实上是在当前图像色相值的基础上，增加或减去一定的度数，让原图像中的色相值发生变化，从而达到改变图像色相的目的。将"色相"参数值设置为 −119 后，图像从黄色调变成紫色调，如图 4-30 所示。

（a）原图

（b）调整色相后

（c）参数调节

图 4-30　色相调整

（2）饱和度。"饱和度"的取值范围是 −100~100，默认状态下"饱和度"参数值为 0。当参数值增大时，饱和度提高；当参数值减小时，饱和度降低。画面饱和度的高与低本身没有好坏之分，在设计中需要根据应用场景进行调整。

例如，当需要表现校园生活的朝气蓬勃时，可以适当提高原图的饱和度；如果需要表现主人公沉浸回忆带来的淡淡伤感，可以适当降低当前画面的饱和度，如图 4-31 所示。

（a）原图

（b）提高饱和度

（c）降低饱和度

图 4-31　饱和度调整

（3）明度。"明度"的取值范围是 −100~100，参数值越大画面明度越高，参数值越小画面明度越低，如图 4-32 所示。同理，需要根据设计意图调整画面的明度。

（a）原图　　　　　　　　　（b）提高明度　　　　　　　（c）降低明度

图 4-32　明度调整

（4）着色。默认状态下，着色不起任何作用，勾选"着色"复选框后，画面整体色相跟随属性面板中"色相"的变化而变化，如图 4-33 所示。

（a）原图　　　　　　　（b）勾选"着色"复选框后　　　　（c）参数调节

图 4-33　着色调整

## 4.2.3　"色彩平衡"调整图层的应用

在色相环上，根据不同颜色之间夹角的大小，可以将其划分为互补色、对比色、中差色、相似色、邻近色和同类色，如图 4-34 所示：①互补色是指在色相环上夹角为180°的两种颜色，如红色与绿色、黄色与紫色；②对比色是指夹角在 120°~180° 的两种颜色，如红色与青色、黄色与蓝色；③中差色是指夹角在 90°~120° 的两种颜色，如红色与黄色、红色与蓝色；④相似色是指夹角在 60°~90° 的两种颜色，如红色与紫色；⑤邻近色是指夹角在 15°~60° 的两种颜色，如红色与玫红色；⑥同类色是指夹角在0°~15° 的两种颜色，如深红色与浅红色。

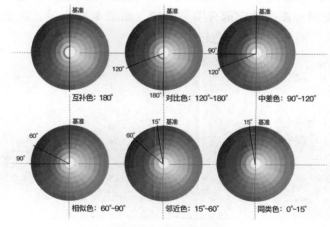

图 4-34　颜色的关系

图 4-35 所示为"色彩平衡"调整图层的属性面板,"色彩平衡"调整色彩的原理与"色相 / 饱和度"调整图层十分相似,"色相 / 饱和度"调整色相是以互补色作为基准进行校色的,色彩平衡则以对比色作为调整的基准,主要调整的是图像中三原色的比例,即红色、绿色与蓝色在画面中的比重,以使画面更倾向于某种色相。

图 4-35 "色彩平衡"调整图层属性面板

红色与青色是对比色,将原图中的红色削弱,事实上是在加强图像中青色的比重,因此整体画面从粉红色变成了青色。当增强红色的比重时,实则是在削弱青色,所以整体画面显得更红了,如图 4-36 所示。同理可调节黄色与蓝色、洋红与绿色的平衡关系。

此外,色彩平衡还可以根据需要,分别对画面中的高光、中间调和阴影区域中的色相进行调整。

（a）原图

（b）削弱红色、提升青色

（c）削弱青色、提升红色

图 4-36 红色与青色的调整

### 4.2.4 "黑白"调整图层的应用

"黑白"调整图层顾名思义就是将图像处理成只有黑白灰关系的效果。在"图层"面板中添加"黑白"调整图层后,无需其他操作,"黑白"调整图层下方所有的图层都会变成黑白调,如图 4-37 和图 4-38 所示。

在"黑白"调整图层的面板中提供了红色、绿色、黄色、青色、蓝色、洋红的调整,要注意的是,此处所调整的并不是图像的色相,而是原图中这 6 种色彩的明度。若将青色的参数减小,此时原图中楼宇部分明显变暗,如图 4-39 所示。这是由于原图中楼宇部分青色比重较大,而其他地方青色较少。

图 4-37 原图

图 4-38   添加"黑白"调整图层

图 4-39   调整青色

在 Photoshop 中，将图像处理为黑白灰效果的方法很多，如执行菜单栏中的"图像"→"调整"→"去色"命令，或使用混合模式中的明度模式等。

"去色"命令是一种破坏性的图像编辑方式，需要先将智能对象转换成像素图层，然后执行菜单栏中的"图像"→"调整"→"去色"命令或按 Ctrl+Shift+U 组合键，对图像进行去色处理。该命令无法对智能对象进行编辑。执行"去色"命令去色的图像无法恢复为原来的彩色图像，但是明度混合模式或"黑白"调整图层去色，不会对图像本身造成破坏。所以，更建议使用后者进行去色。

## 4.2.5   "照片滤镜"调整图层的应用

图 4-40 所示为"照片滤镜"的属性面板，"照片滤镜"调整图层中的属性相对简单，可以选用滤镜中预设的滤镜效果，使图像趋于某种色调，也可以单击属性面板中的色块，

在弹出的"拾色器（照片滤镜颜色）"对话框中选择任意色彩。

在 UI 设计中，多图像集中展示的界面为了保证所有图像的一致性，避免画面凌乱，可以应用"照片滤镜"调整图层对所有图像进行处理。

图 4-41 所示的画面中 4 张图片由于整体色调不同，放在一起显得格格不入。当添加"照片滤镜"调整图层后，4 张图片都呈现为紫色调，4 张图片显得更加统一，如图 4-42 所示。

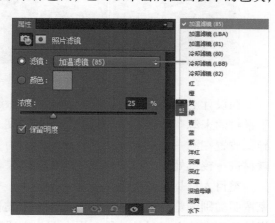

图 4-40   "照片滤镜"属性面板

图 4-41　处理前

图 4-42　处理后

## 4.2.6　演示案例：制作服装网页类目入口

【素材位置】素材 / 第 4 章 /01 演示案例：制作服装网页类目入口。

服装网页类目入口完成效果如图 4-43 所示。

图 4-43　服装网页类目入口

在设计电商类网页时，会收到商家、摄影师或公司运营人员所提供的图像素材。由于素材的来源非常多，所以素材本身的明度、饱和度、色相之间或多或少会存在一些差异，放置在同一网页界面中进行展示时，为了避免画面中出现凌乱的现象，可以对图像素材进行校色处理，以获得统一的视觉效果。

类目入口是电商类网页中常见的模块，一般根据商家货品的性质分类展示，方便买家按照类别浏览商品。本案例共包含 4 个类目的快速入口，其中第 3 个入口为买家鼠标指针悬停在该入口时的效果，黑白图片变成彩色图片，其他图片仍为黑白效果。

服装网页类目入口制作步骤如下。

### 1. 文档设置

（1）新建一个 1920px×900px 的文档，分辨率为 72ppi，颜色模式为 RGB 颜色。新建一个空白图层，将前景色设置为（H:18，S:0，B:36）的灰色，按 Alt+Delete 组合键填充图层。然后按 Ctrl+R 组合键调出标尺。将鼠标指针移至标尺上，单击鼠标右键，在弹出的快捷菜单中将标尺的单位设置为"百分比"，如图 4-44 所示。

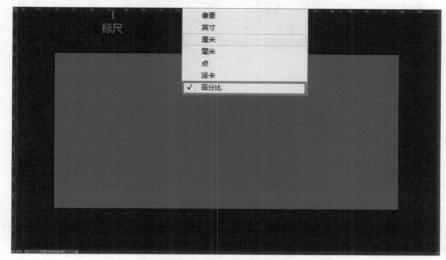

图 4-44　修改标尺单位

（2）执行菜单栏中的"视图"→"新建参考线"命令，在弹出的"新建参考线"对话框中，选择"垂直"单选项，并在位置属性右侧的文本框中输入 10%，单击"确定"按钮即可新建一条参考线。同理，在 30%、50%、70%、90% 的位置分别新建参考线。然后选择"水平"选项，分别在 10%、90% 的位置新建参考线，最终在文档中间划分出 4 个等大的矩形作为 4 个"栏"，效果如图 4-45 所示。

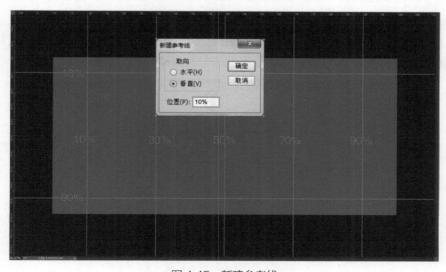

图 4-45　新建参考线

**2. 图像裁剪**

（1）将素材包中的"图片1"置入文档中，适当调整其大小、方向及位置，在"图层"面板中选中该图层并单击鼠标右键，在弹出的快捷菜单中执行"栅格化图层"命令。然后切换至矩形选框工具，绘制一个与栏等大的矩形选区，效果如图4-46所示。

图 4-46　新建选区

（2）在"图层"面板中选中"图片1"图层，按 Ctrl+J 组合键，复制图层，获得"图层1"图层，隐藏"图片1"图层或删除"图片1"图层。效果如图4-47所示。

图 4-47　复制图层

（3）同理置入其他3张图片素材，使用矩形选框工具，按 Ctrl+J 组合键复制图层，隐藏原图层。所有图片裁剪并组合的最终效果如图4-48所示。

图 4-48　图片组合效果

**3．色彩调整**

（1）将通过复制得到的 4 张图片全部转换为智能对象，然后选中"图层 1"图层，执行菜单栏中的"图像"→"调整"→"黑白"命令或按 Ctrl+Alt+Shift+B 组合键，为图层添加"黑白"调整图层，效果如图 4-49 所示。

图 4-49　添加"黑白"调整图层

（2）将鼠标指针移至"图层"面板中"黑白"调整图层上，按住 Alt 键和鼠标左键并移动鼠标，将"黑白"调整图层分别拖曳至"图层 2""图层 4"上，效果如图 4-50 所示。

图 4-50　复制"黑白"调整图层

（3）选中"图片 1"图层，执行菜单栏中的"图像"→"调整"→"亮度 / 对比度"命令，为"图片 1"添加"亮度 / 对比度"调整图层，适当减小其亮度参数值，同理将"亮度 / 对比度"调整图层复制给"图片 2"与"图片 4"图层。双击"图片 4"图层下方的"亮度 / 对比度"调整图层，在弹出的对话框中，再次适当减小其亮度参数值，保证"图片 4"与其他两张图片的明度大体保持一致，调整前后效果如图 4-51 所示。

明度：53　　　明度：54　　　　　　明度：70　　　　　　　　　　　　明度：53

图 4-51　添加"亮度 / 对比度"调整图层

### 4．完善细节

（1）使用矩形工具绘制一个与 4 张图片等大的矩形，为矩形添加从黑色到黑色透明的"线性渐变叠加"图层样式，渐变的起点与终点均为黑色，起点不透明度为 100%，终点不透明度为 0%，样式为"线性渐变叠加"，如图 4-52 所示。

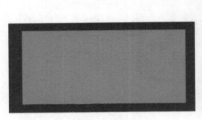  

（a）绘制矩形　　　　　　　　（b）编辑渐变　　　　　　　　（c）效果

图 4-52　添加"线性渐变叠加"图层样式

（2）选中矩形图层，将该图层的"填充"（"图层"面板中的填充属性）参数值从 100% 调整为 0%，使矩形图层不可见，但添加在矩形图层上的"渐变叠加"图层样式可见，效果如图 4-53 所示。

图 4-53　调整"填充"参数

（3）选中矩形图层，为其添加"投影"图层样式，设置投影的角度为 90°，效果如图 4-54 所示。最后置入文字素材，最终效果如图 4-43 所示。

图 4-54　添加"投影"图层样式

## 4.3 Photoshop 图层混合模式

图层的不透明度和
混合模式

混合模式是 Photoshop 中非常强大且实用的功能，通过改变图层与图层之间的相互堆叠的算法，可以对图像的色相、明度、饱和度等参数进行调整，提高图层相互混合时的融合度，使画面更为自然，以获得理想的设计效果。

图层间相互混合时，一般与位于下方的图层进行对比，以获得新的视觉效果，如图 4-55 所示。被改变混合模式的图层称为"混合图层"，位于上方；与混合图层进行对比重新定义图像效果的图层称为"基色图层"，位于下方。两者混合后呈现的结果可在工作区域中进行观察，最终呈现的颜色称为结果色。

图 4-56 所示为 Photoshop 中图层混合模式的类型，根据其作用与原理，混合模式大致可以分成 6 种类型：组合模式、加深模式、减淡模式、对比模式、比较模式和色彩模式。除此以外，还包括清除模式、背后模式等。

图 4-55　基色图层与混合图层

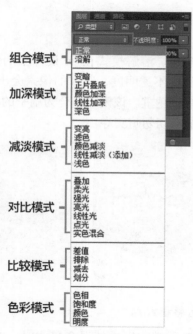

图 4-56　混合模式的类型

可以单击"图层"面板中混合模式的下拉列表，为每个图层或组指定混合模式的类型。要注意，在未执行其他操作的前提下，将鼠标指针移到混合模式下拉列表框上，直接滚动鼠标滚轮，混合模式会随之发生变更，这是重新选择混合模式的快速方法，但是也容易造成混合模式已然变更而不知情的情况。

### 4.3.1　组合模式组与色彩模式组的应用

#### 1.组合模式组

组合模式组中的混合模式需要降低不透明度才能观察到效果。

（1）正常。默认状态下，Photoshop"图层"面板中图层的混合模式是"正常"模式。在正常模式下，若图层的不透明度为100%，上方的图层会遮挡下方的图层，在工作区域中无法透过上层观察到下层的内容。图 4-57 所示为正常模式下图层的堆叠关系，"图标1"图层位于"背景图片"图层的上方，所以能遮挡住图中人物的手指，将图层不透明度降低后，能隐约看到图标下方的手指。

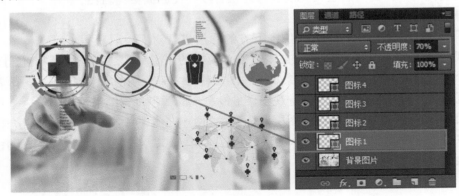

图 4-57　正常

（2）溶解。溶解模式在 UI 设计中的使用频率较低。为"插画"组指定该模式后，适当降低组的不透明度，图像的像素会出现离散、颗粒感，如图 4-58 所示。不透明度越低，颗粒感越重。该模式适合为扁平的插画增加颗粒感的肌理，当然，肌理只为增加画面的细节，切勿喧宾夺主。

图 4-58　溶解

## 2. 色彩模式组

使用色彩模式组中的混合模式时，Photoshop 会自动将图像中的色彩拆分成色相、饱和度和亮度 3 个基本属性；然后根据不同的算法，将其中的一种或两种属性应用在混合后的图像上。

（1）色相。忽略当前图层的明度与亮度，仅将当前图层的色相应用于下方图层上，下方图层仅保留其亮度与明度。该模式就是通过该计算方式重新合成图层的色彩效果。但是，由于黑色、白色和灰色本身的"色相"参数为 0，属于无色相色彩，所以该模式对原图层中的黑色、灰色和白色区域不起作用。

以图 4-59 所示的果汁作为基色的取样点，其色值为（H:28，S:95，B:95），在该图层上方堆叠一个色值为（H:120,S:82,B:44）的绿色图层作为"混合色"图层，且将"混合色"图层的混合模式改为色相，此时图像中呈现的结果色为（H:120，S:95，B:95）。

基色(H:28 S:95 B:95)　　　混合色(H:120 S:82 B:44)　　　结果色(H:120 S:95 B:95)

图 4-59　色相

（2）饱和度。该模式应用频率较低，是将上方图层的饱和度应用于下方图层，与下方图层的色相与明度混合后获得新图像效果的一种混合模式。

（3）明度。该模式是将上方图层的明度应用于下方图层，下方图层保持其原有的色相与饱和度的一种混合模式。

（4）颜色。该模式是将上方图层的色相与饱和度应用于下方图层，下方图层仅保持其原有的明度，相当于只有黑白灰关系的去色图像。所以该模式常用于黑白照片的上色，如图 4-60 所示。

图 4-60　颜色

## 4.3.2　加深模式组与减淡模式组的应用

### 1. 加深模式组

组合模式组与色彩模式组中不同混合模式应用后的结果差异较大。但是，加深模式组中的混合模式作用结果较为相似：都可以使图像混合后的结果色变暗，只是不同的混合模式最终变暗的程度有所不同结果。

添加黑色到白色再到黑色的线性渐变图层对图像进行边角压暗处理，如图 4-61 所示。其中，黑色到白色再到黑色的线性渐变图层为混合图层，将其混合模式变更后所呈现的结果如图 4-62 和图 4-63 所示。

（a）基色图层　　　　　　　　　　　　　（b）线性渐变混合图层

图 4-61　混合素材

（a）变暗　　　　　　　　　（b）深色　　　　　　　　　（c）正片叠底

图 4-62　加深模式组（1）

（a）颜色加深　　　　　　　　　　　　　（b）线性加深

图 4-63　加深模式组（2）

加深模式组中所有模式中的混合图层中的黑色区域均被保留，混合图层中的白色区域均被过滤。其中，变暗模式与深色模式差别最小，黑色与白色间的灰色过渡区域部分被保留。颜色加深模式与线性加深模式差别不大，灰色过渡区域呈现出老照片泛黄的效果。正片叠底与其他 4 个模式差异较大，且混合后的效果最为自然、柔和。要压暗图像边角时，大多数情况下优先使用正片叠底模式。

（1）变暗。该模式是应用较为广泛的一种混合模式，通过比较两个图层的明度，上方混合图层中较亮的色彩会被下方基色图层中较暗的色彩替换，混合图层中明度比基色图层暗的色彩保持不变。

如果混合图层中存在白色，那么，该图像中的白色将被过滤掉，所以变暗模式常用于抠取白色背景中的素材。将水墨素材与背景图片合成时，把水墨素材图层的混合模式改为变暗模式，图中的黑色水墨不受影响，白色背景变成透明的效果，如图 4-64 所示。

图 4-64　变暗模式抠图

（2）正片叠底。该模式是大部分设计软件中都存在的混合模式，在 UI 设计中的应用频率非常高。正片叠底模式应用后的结果与变暗模式相类似：混合图层中的白色会被过滤，黑色被保留。

（3）其他。①颜色加深模式，通过增加图像对比度来加深基色图层的深色区域，但是基色图层的白色区域保持不变；②线性加深模式，通过降低基色图层的明度使最终结果色变暗；③深色模式，通过比较基色图层与混合图层中所有通道参数的总和，最终显示较小的参数。

**2. 减淡模式组**

减淡模式组中所有的混合模式的作用、原理恰好与加深模式组的作用、原理相反，它们可以使基色图层变亮，基色图层中的黑色区域会被较亮的颜色替换。

添加白色到黑色再到白色的线性渐变作为混合图层，如图 4-65 所示，与基色图层进行混合。对混合图层应用减淡模式组中不同的混合模式，效果如图 4-66 和图 4-67所示。

（a）基色图层　　　　　　　　　（b）线性渐变混合图层

图 4-65　混合素材

（a）变亮　　　　　　（b）浅色　　　　　　（c）滤色

图 4-66　减淡模式组（1）

（a）颜色减淡　　　　　　　　　　　　　　（b）线性减淡（添加）

图 4-67　减淡模式组（2）

减淡模式组的滤色模式由于具备过滤黑色和较暗色的作用，所以也可以用于抠取黑色背景上的素材。以乌云翻滚的天空图像作为基色图层，以黑色背景的闪电图像作为混合图层，并且将闪电图层的混合模式改为滤色，可以快速去除闪电图层中的黑色背景，使其与下方的天空图层融合，如图 4-68 所示。

（a）正常　　　　　　　　　　　　　　　　（b）滤色

图 4-68　滤色模式抠图

### 4.3.3　对比模式组与比较模式组的应用

#### 1. 对比模式组

对比模式组中包括了叠加、柔光、强光、亮光、线性光、点光和实色混合 7 种混合模式。对比模式组的混合模式主要调整图像的明度属性，达到增强图像明度对比的目的。对比模式组中的混合模式是提高还是降低图像明度主要根据混合图层的明度而定。

（1）当基色图层与混合图层混合时，如果混合图层中存在明度参数为 50% 的灰色，那么灰色将会被完全过滤，在工作舞台中无法观察到该颜色。灰色圆为混合图层，其色值为（H:0，S:0，B:50），将其混合模式从正常模式改为对比模式组中的混合模式（实色混合除外）后，灰色圆直接消失，如图 4-69 所示。所以对比模式组中的混合模式具有过滤明度为 50% 的灰色的作用，此时既不增强明度，也不削弱明度。

（2）如果混合图层中存在明度参数高于 50% 的灰色，那么，应用对比模式组中的混合模式后，基色图层与混合图层混合后呈现的明度将被提高。以灰色圆为混合图层，其色值为（H:0，S:0，B:80），将其混合模式改为对比模式组中的混合模式，混合后非

相交区域消失，相交区域的明度被提高，此时相交区域的色值从原来的（H:1,S:72,B:80）
提升为（H:2，S:61，B:92），如图 4-70 所示。

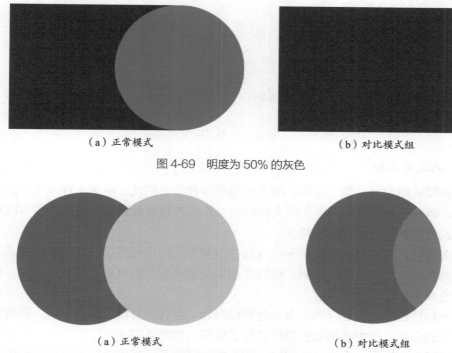

（a）正常模式　　　　　　　　　　　　　（b）对比模式组

图 4-69　明度为 50% 的灰色

（a）正常模式　　　　　　　　　　　　　（b）对比模式组

图 4-70　明度高于 50% 的灰色

（3）如果混合图层中存在明度参数低于 50% 的灰色，那么，应用对比模式组的混
合模式后，结果色的明度将被降低。以灰色圆为混合图层，其色值为（H:0, S:0, B:30），
将混合模式改为对比模式组中的某一混合模式后，非相交区域同样消失，但是相交区域
明度明显降低，如图 4-71 所示。此时相交区域的色值从（H:1, S:72, B:80）变成（H:1,
S:81，B:72）。

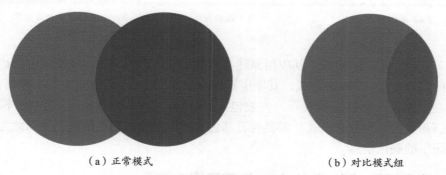

（a）正常模式　　　　　　　　　　　　　（b）对比模式组

图 4-71　明度低于 50% 的灰色

在 UI 设计中，叠加模式及柔光模式是使用频率较高的对比模式。叠加模式与灰色
图层常用于人像修图，为避免人物脸部光线过于均匀，造成"大平脸"的现象，可通过
叠加模式与图层蒙版，将人物脸部的光分布为一侧偏亮，一侧偏暗，营造出更强的立体
感，如图 4-72 所示。

（a）调整前　　　　　　　　　　　（b）调整后

图 4-72　叠加模式

**2．比较模式组**

比较模式组包括差值、排除、减去和划分 4 种混合模式，由于 4 种混合模式对图像的色相、饱和度和明度都会产生较大的影响，难以控制其最终效果，所以在 UI 设计中，比较模式组中的混合模式应用较少。

（1）差值。如果混合图层是一个与基色图层等大的白色图层，那么在该模式下，基色图层的色相会出现反相的结果。所谓反相，是指将颜色的色相变成其互补色，即色环中与原色成 180° 夹角的颜色。

使用白色图层作为混合图层与基色图层混合，将其混合模式改为差值，模特的头发从黑色变成白色，图中其他颜色同样进行了反相，如图 4-73 所示。

如果混合图层是一个黑色的图层，那么在该模式下，基色图层不发生任何改变。

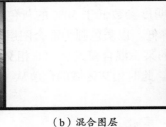

（a）基色图层　　　　　　　（b）混合图层　　　　　　　（c）混合后结果

图 4-73　差值模式

（2）其他。①排除模式，其应用原理与差值模式基本相同，但该模式可以达到对比度更低的混合效果；②减去模式，其底层算法与 Photoshop 中通道相关的一种混合模式，通道可在"通道"面板进行查看，一般包括红、绿、蓝和 RGB 通道；③划分模式，同样与通道相关的一种混合模式，需要查看基色图层中的通道颜色信息，并以此为依据划分混合图层的颜色信息。

## 4.3.4　演示案例：制作美妆 App 波普风格广告页

【素材位置】素材 / 第 4 章 /03 演示案例：制作美妆 App 波普风格广告页。

美妆 App 波普风格广告页制作完成效果如图 4-74 所示。

用户每次点击 App 启动图标后，在进入 App 首页之前，都会出现一个启动页面，大部分用户量较大的 App，都会在启动页面中投放广告。广告页不仅具有宣传广告主产品、品牌及服务的作用，同时以链接的形式存在，还是广告主要的引流入口。因此，广告页的设计务必美观、信息突出。

　　本案例的广告页采用近年来流行的波普风格进行设计，在色彩搭配上，采用饱和度较高的色彩，以引起用户的注意。文字设计和人物装饰将使用多种混合模式打造强烈的视觉冲击效果。

　　美妆类手机 App 波普风格广告页制作步骤如下。

　　（1）新建一个 750px × 1334px 的文档，分辨率为 72ppi，颜色模式为 RGB 颜色。置入素材包中的背景素材及下方启动图标素材，效果如图 4-75 所示。

 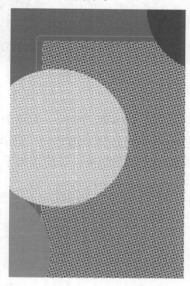

图 4-74　美妆 App 波普风格广告页　　　　　　　图 4-75　背景效果

　　（2）置入模特素材，将模特图层的混合模式修改为"饱和度"模式。然后为模特图层添加两层阴影，两层阴影的混合模式均为"正常"模式，不透明度为 100%，大小为 0 像素，适当调整其距离，如图 4-76 所示。

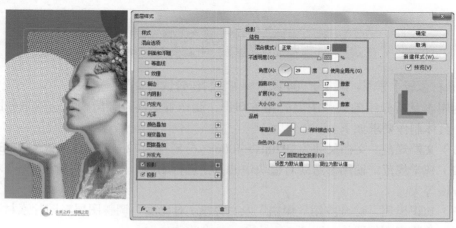

图 4-76　模特图层的调整

（3）置入文字素材，并复制3份，添加"颜色叠加"图层样式分别为其叠加不同的颜色。选中文字图层，按键盘上的上、下、左、右4个方向键，对文字图层进行错位处理，效果如图4-77所示。

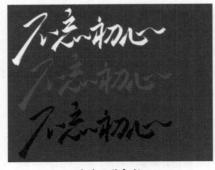

（a）3种色彩

（b）叠加效果

图 4-77　文字图层的调整

（4）置入化妆品瓶子素材，为瓶子添加"色相/饱和度"调整图层，使瓶子颜色倾向于淡黄色，适当提高瓶子饱和度，降低色相值，效果如图4-78所示。最后，使用圆角矩形工具绘制一个圆角矩形，并使用文字工具输入文字"广告"，完成效果如图4-74所示。

图 4-78　化妆品瓶子

## 课堂练习：制作餐饮网页加盟模块

【素材位置】素材/第4章/04课堂练习：制作餐饮网页加盟模块。

运用本章所介绍的调整图层的相关知识，制作餐饮网页加盟模块，效果如图4-79所示，具体制作要求如下。

（1）文档规范。文档尺寸为1920px×400px，分辨率为72ppi，颜色模式为RGB颜色。

（2）视觉规范。使用参考线对模块中的方格进行划分，保证左侧4个方格与右下角两个方格等大。

（3）知识运用。综合应用"黑白"及"亮度/对比度"调整图层对图片素材进行去色处理，并适当调整图片的明度。

图 4-79　餐饮网页加盟模块效果

## 本章小结

　　本章讲解了调整图层的 3 种创建方式，读者需要根据图层的类型灵活选择创建的方式，尽量使用非破坏性的方式对图像进行校色处理。本章的重点是对"亮度/对比度""色相/饱和度"等常用调整图层应用方法的掌握。读者需要根据设计需求，合理运用调整图层对画面色彩进行调整。

　　本章的难点是对图层混合模式原理的理解与综合运用，读者应根据本章的分类，对混合模式进行分类记忆与理解，另外，对 UI 设计中使用频率较高的混合模式应进行重点记忆与反复练习。

## 课后练习：制作时尚女郎杂志封面

　　【素材位置】素材 / 第 4 章 /05 课后练习：制作时尚女郎杂志封面。
　　灵活运用本章所介绍的图层混合模式，制作时尚女郎杂志封面，效果如图 4-80 所示。

图 4-80　杂志封面

图片处理是当前练习的难点，建议的制作步骤如下。

（1）使用矩形选框工具对图片进行左右均分，按 Ctrl+J 组合键对图片进行复制，然后按 Ctrl+Shift+U 组合键对右侧图片进行去色处理。

（2）使用矩形工具绘制两个与右侧图片等大的矩形，其中一个为白色矩形，另一个为红色矩形。将白色矩形图层置于图片图层上方，红色矩形图层置于白色矩形图层上方。最后将白色矩形图层的混合模式更改为"差值"模式获得负片效果，将红色矩形图层的混合模式更改为"滤色"模式获得红色负片效果。

# 第 5 章

# 绘图工具及文字工具在 UI 设计中的应用

## 【本章目标】

○ 熟悉渐变工具的应用方法、填充的类型与设置方法。

○ 掌握画笔工具的常用属性,熟悉"画笔"面板与"画笔预设"面板中常用属性的设置方法与应用场景。

○ 了解铅笔工具与擦除工具的使用方法。

○ 熟悉"字符"面板中字体样式、字重、字间距、行间距等常用属性的作用与设置方法。

○ 熟悉"段落"面板中对齐、缩进和避头尾法则等常用属性的设置方法。

○ 掌握 UI 设计中的排版技巧,灵活运用 Photoshop 中的文字工具进行排版。

○ 掌握 UI 设计中常用的点文字、段落文字和路径文字的创建及转换方法。

## 【本章简介】

优秀的 UI 设计作品,往往需要通过图文结合的形式进行展示。文字与图形作为 UI 设计作品内容的载体,是 UI 设计作品中的重要组成部分。文字可以精确、快速地传达信息,而图形可以形象、全面地阐述设计师的设计意图。

文字排版既是一门艺术,同时也是一门科学。读者需要掌握 Photoshop 中文字工具与常用绘图工具的基本操作。本章通过详细讲解渐变工具、"填充"命令、画笔工具、铅笔工具、擦除工具和文字工具的使用方法,帮助读者掌握 UI 设计作品中图形的绘制方法与文字的排版技巧。

## 5.1 常用绘图工具的应用

在 UI 设计中，需要借助画笔及铅笔等绘图工具绘制图形，使用渐变工具、油漆桶工具填充等对图形元素进行配色，有时候还需要配合橡皮擦、背景橡皮擦等擦除工具对图形进行修整处理。

案例：制作水晶玻璃
按钮——渐变工具

### 5.1.1 渐变工具的应用

在工具栏中单击渐变工具按钮或直接按 G 键，可切换至渐变工具按钮。切换至渐变工具后按住鼠标左键，可在弹出的工具箱中选择相应的工具，图 5-1 所示为渐变工具的工具箱。渐变工具箱中包括渐变工具、油漆桶工具和 3D 材质拖放工具。渐变工具在 UI 设计中应用的频率较高，下面重点讲解渐变工具中重要属性的应用方法。

图 5-1　渐变工具箱

图 5-2 所示为渐变工具的属性栏，渐变工具的属性与渐变叠加图层样式中的属性大同小异。单击属性栏中的编辑器，可在弹出的"渐变编辑器"对话框中设置渐变的色彩与位置等，如图 5-3 所示。属性栏中的渐变类型与渐变叠加样式完全相同，包括线性渐变、径向渐变、角度渐变、对称渐变和菱形渐变 5 种类型。

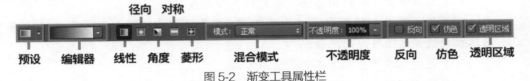

图 5-2　渐变工具属性栏

虽然渐变工具与"渐变叠加"图层样式的属性相似，但是在应用范围、操作方式、操作结果上存在较大区别。

#### 1. 应用范围的区别

（1）图层样式可以作用于像素图层、文字图层、智能对象和形状图层，而渐变工具只能作用于像素图层。如果工具处于渐变工具状态，且"图层"面板中选中的图层为非像素图层，则工作舞台中的渐变工具图标 ⊹ 将变成禁止绘制的图标 ⊘。所以，渐变工具所绘制的渐变效果只能由像素图层承载和显示。

（2）使用渐变工具能在空白图层，即无任何像素的图层上绘制渐变效果，并在工作舞台中显示出来。但是在空白图层上添加"渐变叠加"图层样式，渐变效果无法在工作舞台中显示。

图 5-3　"渐变编辑器"对话框

（3）在设计过程中，添加"渐变叠加"图层样式可以更为高效、便捷地获取渐变效果，"渐变叠加"图层样式在 Photoshop 中的运用范围相比更为宽广。但是与其他设计软件配合工作时，即将 Photoshop 的文件导入其他设计软件中时，如 Illustrator、Premiere 等，"渐变叠加"图层样式可能存在不兼容的现象，此时可能出现效果丢失或模拟效果失真的情况。所以，使用渐变工具绘制渐变效果，然后再导入其他软件比添加"渐变叠加"图层样式更为稳妥。

**2. 操作方式的区别**

（1）"渐变叠加"图层样式是通过菜单栏中的命令或"图层"面板中的快捷方式，将效果作用于图层上，无须在工作舞台中绘制。使用渐变工具绘制渐变时，需先在工作舞台中单击，确定一点作为渐变的起点，然后在未释放鼠标左键的前提下，拉出一条渐变条，释放鼠标左键后，效果直接显示在工作舞台中，如图 5-4 所示。起点与终点的位置可以自由指定，所以绘制时较为灵活。

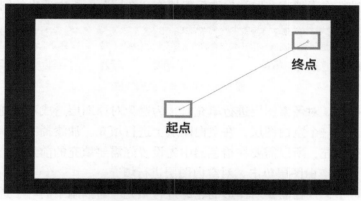

图 5-4　使用渐变工具绘制渐变

（2）使用"渐变叠加"图层样式后，可以在"图层样式"对话框中对渐变的效果进行反复修改，每次调整"图层样式"对话框中的参数时，工作舞台中的效果随之发生变化。使用渐变工具绘制渐变效果时，必须先调整好属性栏中的属性，然后再进行绘制，效果绘制完成后再对属性栏中的参数进行调整，此时工作舞台中的效果不会跟随发生变化。

**3. 操作结果的区别**

添加"渐变叠加"图层样式后，可以在图层下方开启与关闭眼睛图标，对图层样式进行显示或临时隐藏，如图 5-5 所示。"渐变叠加"图层样式不会对图层本身造成破坏，其作用等同于为图层添加一层装饰效果的"外衣"。而使用渐变工具绘制渐变效果，效果直接作用于图层，是对原有图像中的像素进行破坏性的编辑，此过程不可逆，其作用等同于对图层进行"整容"处理。

## 5.1.2　填充的设置

使用 Photoshop 绘制图形后，需要对图形的

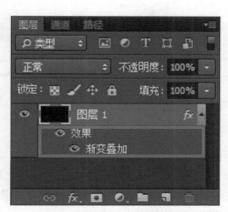

图 5-5　"渐变叠加"图层样式的显示与隐藏

轮廓进行填充，从而增加图形的细节。Photoshop 中的填充分为两种类型：使用油漆桶工具进行填充和执行相应命令进行填充。

设置颜色　　　　填充

### 1. 使用油漆桶工具进行填充

油漆桶工具只能对 Photoshop 中的像素图层进行填充，不能对形状图层、智能对象及文字图层进行填充。

（1）常用属性。图 5-6 所示为油漆桶工具的属性栏，油漆桶工具的属性栏与大部分工具相似，下面简要讲解其中重难点属性的含义：①"填充区域的源"分为前景与图案两种类型；②"容差"主要影响填充范围的精确度，容差值越大，填充范围越大，但精确度越低；③勾选"连续的"复选框只填充与鼠标单击区域相邻的像素，取消勾选则可以填充图像中的所有相似像素；④勾选"所有图层"复选框表示基于所有可见图层中的合并颜色信息进行像素填充，取消勾选后仅填充"图层"面板中选中的图层。

| 预设 | 填充区域的源 | 模式 | 不透明度 | 容差 | 抗锯齿 | 连续 | 填充复合图层 |

图 5-6　油漆桶工具属性栏

（2）基本操作。对像素图层进行填充时，为避免对原图层造成不可逆转的破坏，在填充前需要先新建一个空白图层，在空白图层上进行填充。油漆桶工具默认使用拾色器中的前景色进行填充，所以需要在拾色器中先设置好需要填充的前景，最后切换至油漆桶工具 ，选中空白图层单击，对空白图层进行填充。

在图形设计中，往往需要对图形的轮廓进行填充。对插画中的叶子进行着色，虽然油漆桶工具能智能识别图形的外边缘轮廓，但是为了避免填充范围出错，建议先使用魔棒工具或快速选择工具选定叶子的范围，然后将前景色设置为绿色，切换至油漆桶工具，最后在选区内单击即可对选定范围进行填充，如图 5-7 所示。

（a）原图　　　　　　　　（b）选定填充范围　　　　　　　　（c）填充

图 5-7　油漆桶工具填充

### 2. 使用命令进行填充

使用工具栏中的拾色器可以改变前景色与背景色，但是选定前景色与背景色后，拾色器中的色彩不会自动填充到像素图层上，还需要通过菜单栏中的"填充"命令或组合键对像素图层进行填充。

执行菜单栏中的"编辑"→"填充"命令或按 Shift+F5 组合键，可在弹出的"填充"对话框中设置填充的内容。填充的内容包括前景色、背景色与颜色，内容识别、图案与历史记录，黑色、50% 灰色与白色，如图 5-8 所示。

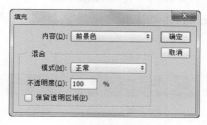
（a）"填充"对话框

（b）填充内容选项

图 5-8　填充

（1）前景色填充与背景色填充。是 UI 设计中的两个常用命令，实际工作中一般按相应的组合键进行填充。前景色填充的组合键为 Alt+Delete，背景色填充的组合键为 Ctrl+Delete。按这两个组合键时要注意按键的先后顺序，切忌先按 Delete 键，否则会出现误删图层的现象。

（2）内容识别填充。主要运用于像素图层的修图工作中，在原图中框选小鸟的范围，在"填充"对话框中将内容设置为"内容识别"，然后单击"确定"按钮，此时小鸟被"抹去"，如图 5-9 所示。事实上，Photoshop 将附近的云彩图像信息智能填充到小鸟所在的区域，从而达到修图的目的。使用内容识别修图时，要注意合理设置选区的范围，选区越大，填充的范围越大，但是填充的精确度越低。

（a）原图

（b）设定选区范围

（c）填充

图 5-9　内容识别填充

（3）图案填充。图 5-10 所示为填充内容为"图案"时的对话框。图案填充与图层样式中的"图案叠加"作用类似，可通过选项中的"自定图案"设置需要填充的图案类型。

（a）"填充"对话框

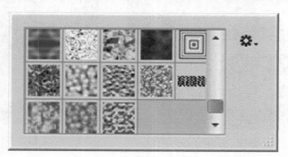
（b）图案设置

图 5-10　图案

### 5.1.3 画笔工具的应用

通过工具栏或按快捷键 B 键可以切换至画笔工具 ，画笔工具以拾色器中的前景色作为绘画颜色，主要作用于像素图层和图层蒙版。图 5-11 所示为画笔工具的属性栏，下面主要介绍画笔工具的常用属性。

画笔工具与"画笔"面板

图 5-11 画笔工具属性栏

#### 1. 画笔下拉列表框

单击属性栏中的画笔预设属性，可弹出画笔下拉列表框，如图 5-12 所示。左右移动大小属性上的滑块，或按键盘上的 [ 键或 ] 键，可调节画笔的大小。要注意的是，该快捷键需要在英文输入状态下才能发挥作用，在中文输入状态下，该快捷键有时候不起作用。

#### 2. 画笔与画笔预设面板

在属性栏中单击"切换画笔面板"按钮，可弹出"画笔"面板与"画笔预设"面板，如图 5-13 所示。"画笔"面板中涵盖了画笔下拉列表框中的大部分属性。在"画笔"面板中除了可以调整画笔的大小、硬度、翻转等属性以外，还可以调整画笔的间距、形状动态、散布和纹理等属性；在"画笔预设"面板中可以选择画笔的类型。下面主要介绍"画笔"面板中常用的属性。

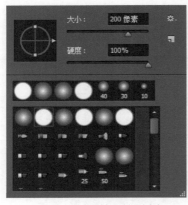

图 5-12 画笔下拉列表框

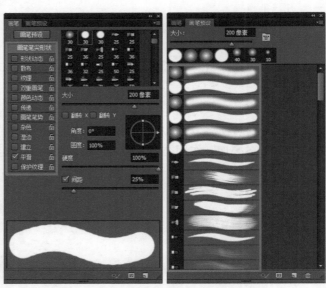

图 5-13 "画笔"与"画笔预设"面板

（1）间距。画笔的间距决定画笔笔迹之间的距离。当画笔间距为 1% 时，所有笔迹紧密相连，形成一条线；增大间距值后，笔迹的距离会变远，如图 5-14 所示。

（2）形状动态。图 5-15 所示为"形状动态"面板，形状动态主要控制画笔的大小抖动、角度抖动和圆度抖动等。

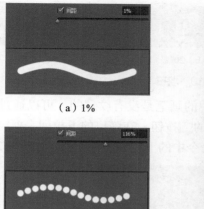

（a）1%

（b）116%

（c）270%

图 5-14　间距

图 5-15　形状动态

①大小抖动。抖动参数值越大，笔迹之间的大小变化越明显，如图 5-16 所示。

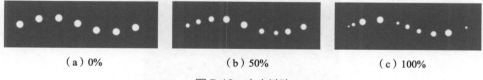

（a）0%　　　　　　　　　（b）50%　　　　　　　　　（c）100%

图 5-16　大小抖动

②角度抖动。抖动参数值越大，笔迹之间的角度变化越明显，如图 5-17 所示。

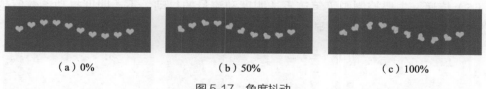

（a）0%　　　　　　　　　（b）50%　　　　　　　　　（c）100%

图 5-17　角度抖动

③圆度抖动。抖动参数值越大，笔迹之间的圆度变化越明显，如图 5-18 所示。

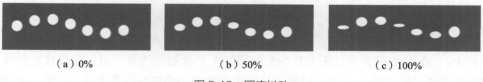

（a）0%　　　　　　　　　（b）50%　　　　　　　　　（c）100%

图 5-18　圆度抖动

（3）散布。主要控制画笔笔迹的分散程度，增大散布参数值后，笔迹的分散程度增大，在空间分布的范围变广，如图 5-19 所示。

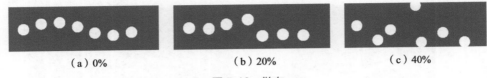

（a）0%　　　　　　　　（b）20%　　　　　　　　（c）40%

图 5-19　散布

（4）纹理。默认状态下，Photoshop 中的画笔是没有纹理的，可以通过"纹理"面板为画笔添加纹理。单击"纹理"面板中的■按钮，在弹出的下拉列表框中可以设置笔迹的纹理，作用与"图案叠加""填充"命令中的下拉列表框相似，如图 5-20 所示。

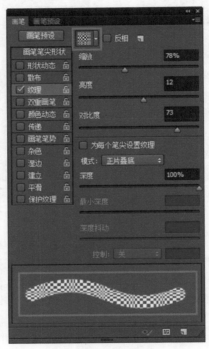

图 5-20　纹理

（5）传递。主要控制画笔笔迹不透明度和流量的抖动，不透明度抖动参数值越大，笔迹之间不透明度的变化越明显，如图 5-21 所示。

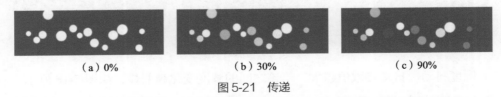

（a）0%　　　　　　　　（b）30%　　　　　　　　（c）90%

图 5-21　传递

### 5.1.4　铅笔工具的应用

在 Photoshop 中将文字放大，然后观察铅笔工具绘制的线条，可以明显观察到线条的边缘呈现清晰的锯齿效果，所以铅笔工具可用于绘制当前流行的像素画，如图 5-22 所示。

图 5-22 铅笔工具绘制像素画

铅笔工具与画笔工具的应用原理相同，都是使用前景色来绘制。对比二者的下拉
列表框可以发现：画笔工具中存在柔角边缘的画笔，而铅笔工具中仅有硬角边缘的笔尖
形状，如图 5-23 所示。所以，二者的区别在于：画笔工具可以绘制带有柔边效果的线条，
而铅笔工具只能绘制硬边效果的线条。

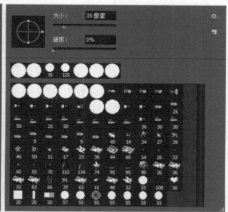

（a）画笔工具下拉列表框 　　　　　　　　　（b）铅笔工具下拉列表框

图 5-23 下拉列表框

铅笔工具与画笔工具的属性栏同样十分相似，铅笔工具比画笔工具多了"自动抹
除"复选框。图 5-24 所示的拾色器中的前景色为白色，背景色为蓝色。勾选"自动抹除"
复选框后，如果在不包含前景色的区域上单击并拖曳鼠标，释放鼠标后可以将该区域涂抹成前景色，即白色；如果在包含前景色的区域上单击并拖曳鼠标，释放鼠标后可将该区域涂抹成背景色，即蓝色。

（a）原图　　　　　　　（b）不包含前景色　　　　　　　（c）包含前景色

图 5-24　自动抹除

### 5.1.5　擦除工具的应用

通过工具栏或按快捷键 E 键可切换至擦除工具，Photoshop 中包含 3 种类型的擦除工具：橡皮擦、背景橡皮擦和魔术橡皮擦工具。后两者主要用于抠图时去除图像的背景，而橡皮擦工具用途相对更广泛，除了可用于擦除像素图层中颜色信息以外，还可以用于涂抹图层蒙版。

擦除工具

#### 1. 橡皮擦工具

橡皮擦工具■的作用与现实生活中的橡皮擦相似，可以擦除工作舞台中图像的颜色信息。但是橡皮擦工具只能对像素图层产生作用。图 5-25 所示为橡皮擦工具的属性栏。橡皮擦工具的属性栏与画笔工具的属性栏十分相似，但是二者的作用刚好相反。

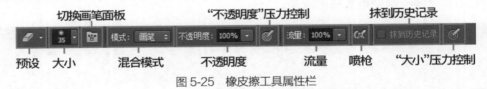

图 5-25　橡皮擦工具属性栏

切换至橡皮擦工具后，在选定图层的前提下，按住鼠标左键并拖曳鼠标，可将该图层鼠标指针经过的区域的颜色信息抹去，露出下方的图层或栅格，如图 5-26 所示。

（a）原图　　　　　　　　　　　　　　（b）擦除后

图 5-26　橡皮擦工具

橡皮擦工具的不透明度属性与流量属性是较为相似的概念。

（1）不透明度。画笔工具的不透明度主要控制绘制的强度，而擦除工具的不透明度主要控制擦除的强度。在 100% 的不透明度下，可以一次性擦除图像中的所有像素，不透明度参数值越小，擦除的效果越不明显，需要多擦除几次才能清除图像的颜色信息。

（2）流量。其作用与不透明度相似，可控制擦除的效果。但流量主要控制擦除的速度，流量值越大，擦除的速度越快。

### 2. 背景橡皮擦工具与魔术橡皮擦工具

（1）背景橡皮擦工具。背景橡皮擦工具 是一种智能橡皮擦工具，它可以自动采集画笔中心的色样，同时删除在画笔内出现的相似颜色，使擦除区域成为透明区域。图 5-27 所示为背景橡皮擦工具的属性栏，其属性与橡皮擦工具差异较大。

图 5-27　背景橡皮擦工具属性栏

保护前景色与容差是背景橡皮擦工具中较为重要的属性：①勾选"保护前景色"复选框后，在擦除的过程中，被保护的前景色不会被擦除掉，可以有效防止误操作；②"容差"参数值较小时，仅限于擦除与样本颜色非常相似的区域，参数值越大，可擦除的范围越广，但其精确度越低。

（2）魔术橡皮擦工具。使用魔术橡皮擦工具 擦除图像颜色信息时，魔术橡皮擦工具可以自动分析图像的边缘，只需要在像素图层中单击一次，即可快速清除图像中大部分相似的颜色区域，如图 5-28 所示。

（a）原图　　　　　　　　　　　（b）擦除后

图 5-28　魔术橡皮擦工具

### 5.1.6 演示案例：制作水晶质感图标

【素材位置】素材 / 第 5 章 / 01 演示案例：制作水晶质感图标。

水晶质感图标制作完成效果如图 5-29 所示。

水晶质感图标制作步骤如下。

（1）填充背景。新建一个 512px×512px 的文档，分辨率为 72ppi，颜色模式为 RGB 颜色。新建一个空白图层，将拾色器的前景色设置为（R:102，G:102，B:102），按 Alt+Delete 组合键，将文档背景填充为灰色，效果如图 5-30 所示。

图 5-29　水晶质感图标

（a）颜色设置

（b）颜色填充效果

图 5-30　填充背景

（2）绘制渐变。先新建一个空白图层，然后切换至椭圆选框工具，按住 Shift 键并拖曳鼠标绘制一个正圆。切换至渐变工具，打开"渐变编辑器"对话框，将渐变条设置为从青色到蓝色的径向渐变。最后使用渐变工具在选区内绘制渐变，效果如图 5-31 所示。

（a）绘制选区

（b）设置渐变条

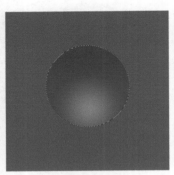

（c）选区内绘制渐变

图 5-31　绘制渐变

（3）绘制高光及反光。再次新建一个空白图层，切换至画笔工具，选择柔角边缘的画笔，适当加大画笔的大小、降低不透明度和流量，将前景色设置为白色，然后在选区内逐次单击即可绘制出高光效果，切记不要按住鼠标左键进行涂抹。同理，在圆的底部绘制出反光效果，最后将高光和反光图层的混合模式设置为颜色减淡，效果如图 5-32 所示。

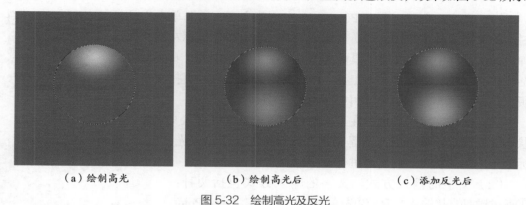

（a）绘制高光　　　　　　　（b）绘制高光后　　　　　　（c）添加反光后

图 5-32　绘制高光及反光

（4）制作箭头。置入箭头图标素材，然后为其添加居于外部的白色描边，描边大小约为 8px，效果如图 5-33 所示。

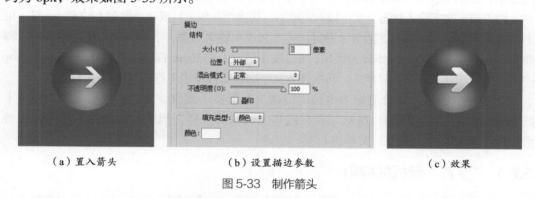

（a）置入箭头　　　　　　（b）设置描边参数　　　　　　（c）效果

图 5-33　制作箭头

（5）制作阴影。①新建一个空白图层，将前景色设置为青色，然后切换至画笔工具，选择柔角画笔，加大画笔大小，在工作舞台中单击两次制作出光晕效果。②按 Ctrl+T 组合键将光晕压扁，最后将混合模式设置为"颜色减淡"，效果如图 5-34 所示。

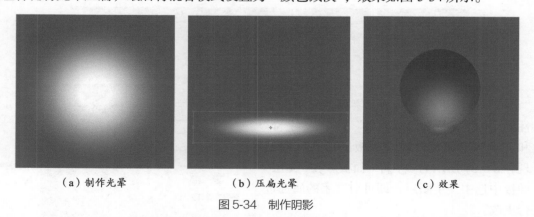

（a）制作光晕　　　　　　　（b）压扁光晕　　　　　　　（c）效果

图 5-34　制作阴影

（6）加重阴影。选中光晕图层，按 Ctrl+T 组合键，适当调整光晕大小，将其混合模式更改为"正片叠底"，加重阴影效果，最终完成效果如图 5-29 所示。

## 5.2 文字工具的应用

（1）文字的创建。要在 Photoshop 中创建文字，需要单击工具栏中的文字工具按钮，切换至文字工具，然后按住鼠标左键，在弹出的工具箱中选择文字工具的类型。文字工具箱中的工具类型包括横排文字工具、直排文字工具、横排文字蒙版工具和直排文字蒙版工具，如图 5-35 所示。其中横排文字工具较为常用。

文字工具、"字符"面板

选择横排文字工具后，在工作舞台中单击，即可进入文字输入状态。所谓文字输入状态，是指工作舞台中的文字输入光标处于闪烁的状态。此时可进行文字输入。

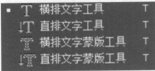

（2）文字的输入方式。文字的输入方式包括两种：①通过键盘直接输入文字；②先在 Word、Excel、PowerPoint 等办公软件或其他设计软件中按 Ctrl+C 组合键，将文字进

图 5-35　文字工具

行复制，然后切换至 Photoshop，在文字输入状态下按 Ctrl+V 组合键，将文字进行粘贴。

（3）退出文字输入状态。文字输入完成后，切换至其他工具或按小键盘上的 Enter 键，可退出输入状态。二者的区别在于：通过切换工具退出输入状态，下次再进行文字输入时，需要再次选择文字工具，操作较为烦琐；通过按小键盘上的 Enter 键退出输入状态，Photoshop 中的工具依然处于文字工具状态，再次输入文字时，直接单击工作区域进行输入即可。

需要注意的是，部分笔记本电脑的键盘上不配备小键盘，此时不能通过按大键盘上的 Enter 键退出输入状态。虽然二者在键盘上的写法一样，但是其功能并不相同，大键盘上的 Enter 键的作用是对文本进行换行处理。

### 5.2.1 "字符"面板的应用

切换至文字工具后，可通过其属性栏更改文字的样式，图 5-36 所示为文字工具的属性栏。对于更改较为频繁的属性，如字体样式、字号、字重等，可直接在属性栏中进行更改。

图 5-36　文字工具属性栏

在编排大段落文字时，往往需要借助"字符"面板更改更多的文字属性。单击属性栏中的"字符和段落面板"按钮，"字符"和"段落"面板以浮动面板的形式临时出现，图 5-37 所示为"字符"面板。在"图层"面板中选中文字图层，即可对文字的属性进行更改。

下面对"字符"面板中常用的属性进行详细讲解。

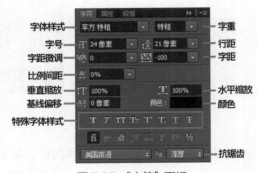

图 5-37　"字符"面板

### 1. 字体样式

计算机安装操作系统后所内置的字体样式一般较少，在设计中需要使用其他字体时，需要自行购买并下载字体安装包，将其安装在计算机系统磁盘下的字体文件夹中。一般情况下，字体存放的目录为：本地磁盘 C:\Windows\Fonts。将字体安装包复制至该文件夹即可，如图 5-38 所示。

图 5-38　字体安装路径

不同样式的字体具有不同的气质、风格和属性，在设计时要根据设计内容的行业性质、用户群体的特征等条件，选择适合气质的字体进行使用。

在视觉设计中，关于字体样式的分类，有多种划分标准，如衬线字体与无衬线字体、手写字体与字库字体、复古字体与现代字体、特效字体与非特效字体等。其中，按照有无衬线对字体进行划分，对视觉设计具有非常强的指导意义。

（1）概念。所谓衬线，是指构成字体笔画线条中的衬托、装饰效果。衬线字体的笔画模拟手写书法字体的效果，在笔画开始及结束的地方会有额外的装饰效果，笔画的粗细也会发生变化。常见的中文衬线字体包括楷体、宋体等。

衬线字体横笔画在转折处适当加大拓宽，撇笔画起笔的地方粗、落笔的地方细，使字体的笔画更具变化，如图 5-39 所示。无衬线字体无论是在起笔还是在落笔的地方，粗细高度都统一。常见的无衬线字体包括黑体、微软雅黑等。

（2）作用。衬线字体比无衬线字体更有复古的韵味与艺术气质，所以衬线字体适合

（a）衬线字体　　　　（b）无衬线字体

图 5-39　字体样式

运用在具有年代感、文艺清新气质的设计作品中。图 5-40 所示是一张旗袍题材的海报，主标题为"旗袍"，副标题为"旗袍定制 古典韵味"，都使用了衬线字体进行排版，字体的气质与旗袍本身所体现的中国古典美是相得益彰的。

无衬线字体相比衬线字体更为简洁、更具有现代感，所以无衬线字体适合运用在科技、医学、计算机编程、人工智能等具有现代感的设计作品中。图 5-41 所示为一张"智

慧科技城市"的海报，主标题采用了无衬线字体。

图 5-40　衬线字体　　　　　　　图 5-41　无衬线字体

### 2. 字重

（1）概念。所谓字重，可以简单理解为字体的笔画粗细。同一种字体样式，往往会有多种笔画粗细，如特粗、粗体、中等、细体、特细等。图 5-42 所示为字体 3 种不同字重的效果：笔画粗的字体相对比较稳重，适合作为主标题；笔画细的字体相对更为秀气，适合应用在副标题或具有科技感的设计中。

（a）细体　　　　　　（b）中等　　　　　　（c）粗体

图 5-42　字重

（2）作用。改变字体的字重，可以快速区分文案内容的层级，如图 5-43 所示。所谓文案的层级，是指局部文字内容在整体内容中的重要性程度。文案中的主标题、副标题、正文、解析性文字，其重要性依次递减，所以在文案排版中，其字重应当从粗到细进行合理设置。

图 5-43　字重体现层级关系

### 3. 字号

通过字号的大小变化体现文案的层级关系，同样是文字排版的重要技巧。改变字体的字号，可以快速区分出主标题、副标题、正文和解析性文字之间的关系。以矩形的高度作为文字的字号，高度越高，字号越大，如图 5-44 所示。左图中所有字号大小完全一致，所以难以区分文案的层级关系，右图则可以明显区分出文案的层级关系。

图 5-44　字号体现层级关系

目前，在 UI 行业中，排版中的字号落差设置并没有形成统一的行业标准，使用中主要根据实际的设计场景需求来设置字号的落差。对于 UI 初学者而言，需要有科学的参考范围作为指导，避免出现字号落差过大或不明显的现象。

在自然规律下，人眼能够快速辨认字体大小变化的前提是：字号之间的落差在 20% 以上。另外，黄金分割比为 0.618，这个比例同样可以应用在文案排版的字号的变化中。综合考量字体辨识度与美观性两个因素，可以推算出文案之间较为舒适的字号落差范围是 60%~80%。

主标题字号为 40px，在此基础上推算副标题的字号应为 40px×60%=24px，40px×80%=32px，那么副标题的字号范围是 24px~32px。当然，这只是一个参考范围，读者可以根据实际的设计需求灵活调整字号的大小。

### 4. 行距

行距又称为"行高"，是指文字自身的高度与下一行文字间距相加的总和，如图 5-45 所示。需要注意，行距并非是指两行文案之间的间距。

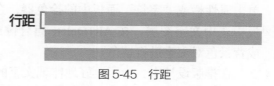

图 5-45　行距

行距是大段落文本排版中常用的属性之一，可以通过"字符"面板中的"设置行距"下拉列表框调整文字的行距。此外，还可以切换至文字工具，先使用文字工具选中文案，然后按 Alt+↑或 Alt+↓组合键调整行距。

在排版设计中，需要合理设置文字的行距，合理的行距有助于流畅、快速地阅读文案内容，避免视觉疲劳。同理参考黄金分割比例，可以推算出较为舒适的行距为字体字号大小的 1.5~2 倍，1.618 倍行距恰好位于此区间内。

如文字的字号为 20px，由此推算出行距的取值分别是 20px×1.5=30px，20px×2=40px，所以文字的行距为 30px~40px。

### 5. 字距

字距也是排版设计中常用的属性之一，可以通过"字符"面板对字距进行调整。"字符"面板有两个调整字距的下拉列表框。其中，"设置两个字符间的字距微调"按钮使用频率较低，一般情况下使用"设置所选字符的字距调整"按钮进行调节。

此外还可以使用文字工具选中文字，然后按 Alt+ ←或 Alt+ →组合键调整字距的大小。

文字字距过宽或过窄，都会造成阅读障碍，需要根据实际情况灵活调整字距。

（1）正文。大段落文字的字距设置为 0，比较方便阅读。

（2）装饰文字。所谓装饰性文字即没有实质性意义、仅为美观而存在的文字内容。当文字为装饰性内容，且内容较少时，可以适当加大文字的字距，使画面更为饱满。

（3）标题。标题为了吸引目光，字距应尽量设置得小一点，一般情况下设置为负值。

Banner 中的英文为装饰性文字，字距设置为 800，加大字距可以适当减少留白，平衡画面关系，如图 5-46 所示。主标题文字字号较大，为避免空间不足，字距设置为 −150，不仅合理利用了画面空间，而且有利于聚焦视线。

图 5-46　字距的设置

### 6.　颜色

在 Photoshop 中，文字颜色的更改方式有两种：①在"图层"面板中选中文字图层，单击属性栏或"字符"面板中的拾色器，在弹出的对话框中更改文字；②在"图层"面板中选中文字图层，按 Alt+Delete 组合键或 Ctrl+Delete 组合键，用工具栏中的前景色或背景色对文字进行填色。

在排版设计中，为了更好地体现文字的层级关系，需要保证不同层级的字体能够被快速识别。一般情况，色相与饱和度相同的字体，其明度落差在 20% 以上更容易被准确识别。

图 5-47 所示为 UI 设计中灰色的使用规范，所有色彩的色相一致，饱和度均为 0%，其差异在于明度。从左至右，明度依次为 20%、40%、60%、80%。一般情况下，明度为 20% 的颜色主要应用于主标题，明度为 40% 的颜色主要应用于二级标题，明度为 60% 的颜色主要应用于正文，明度为 80% 的颜色主要应用于不可点击的图标与按钮文字。当然，以上参数仅供参考，可根据实际需要灵活搭配颜色。

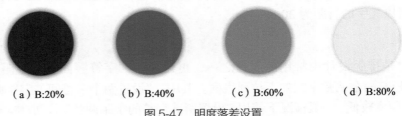

（a）B:20%　　　（b）B:40%　　　（c）B:60%　　　（d）B:80%

图 5-47　明度落差设置

## 5.2.2 "段落"面板的应用

图 5-48 所示为"段落"面板，主要针对大段落文字和多段落文字，具有对齐功能、缩进功能以及为段前段后添加空格等功能。下面主要讲解 UI 设计中常用的功能及其应用场景。

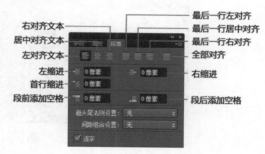

图 5-48　"段落"面板

### 1. 对齐功能

Photoshop 中支持 7 种对齐方式：左对齐、右对齐、居中对齐、最后一行左对齐、最后一行右对齐、最后一行居中对齐和全部对齐。在"图层"面板中选中文字图层，单击面板中的对齐方式按钮，即可执行相应的命令。

不同的对齐方式有不同的性质与作用，应要根据设计的需求，灵活选择对齐方式。

（1）左对齐。所有文字以最左端的文字为目标进行对齐，是运用最为广泛的一种对齐方式，适合运用在美妆、金融、运动、计算机、人工智能、航天等具有现代感的设计作品中，如图 5-49 所示。由于现代人的阅读习惯是从左至右，所以左对齐的排版方式最有利于流畅阅读。

图 5-49　左对齐

（2）右对齐。所有文字以最右端的文字为目标进行对齐。右对齐方式具有浓厚的文艺气息、古典氛围，所以右对齐方式适合运用在历史、艺术、音乐、考古、传统美食等具有文化属性的行业设计中，如图 5-50 所示。当然，有时候为了平衡画面关系同样需要使用右对齐的方式，如左右结构的图像设计：图片位于左侧，文字位于右侧，如图 5-51 所示。

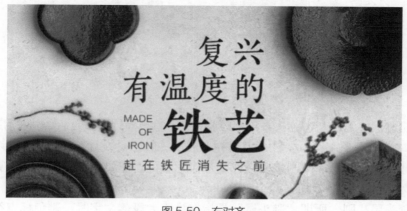

图 5-50　右对齐

143

图 5-51　左图右文

（3）居中对齐。所有文字以其垂直居中的轴线作为目标进行对齐，居中对齐方式具有中正、大气、高贵、典雅、肃穆等气质，能营造出严谨的对称美感，所以居中对齐方式适合运用在珠宝、房地产等行业设计中，如图 5-52 所示。

图 5-52　居中对齐

## 2. 其他功能

（1）段前段后空格。在传播学中，将每行文字视作一个字节。连续浏览大段落文字时，若字节超过 7 个，即同一段落超过 7 行，容易感到焦虑、难于记忆。因此在进行大段落排版时，应对文字进行合理分段，并在段前或段后适当增大间距，避免连篇累牍的排版，适当进行分段。

左图中行距等于段后间距，难以区分段落层次，容易混淆，如图 5-53 所示。此时可以适当加大段落间距，帮助区分段落之间的关系。

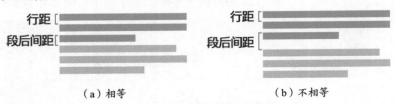

（a）相等　　　　　　　　　　（b）不相等

图 5-53　增加段落间距

（2）缩进。左缩进与右缩进在 UI 设计中应用的频率较低，首行缩进应用较为广泛。首行缩进一般为两个字符。要注意其计量单位：一般网页设计与移动 UI 设计以像素作为文字的计量单位，平面印刷多以点或毫米作为单位。需要将字符的大小换算成具体数值，如正文字号为 20px，那么两个字符即为 20px × 2=40px。

（3）避头尾法则。所谓"避头尾"是指在排版大段落文字时，避免标点符号出现在段首的现象，"避头尾法则"支持 3 种设置方式：无、JIS 宽松和 JIS 严格。一般情况下设置为"JIS 严格"。

### 5.2.3　文字图层的类型

　　Photoshop 中文字图层的分类方式非常多样：按照排列方式可以分为横排文字与直排文字，按照形式可以分为文字与文字蒙版，按照样式可以分为普通文字与变形文字，按照创建方式可以分为点文字、段落文字和路径文字。

　　（1）点文字。一个水平或垂直排列的文字行，当点文字处于输入状态时，在文字下方会带有下划线。一般情况下，在处理标题、图标名称等字数较少的文字时，可以选用点文字进行排版。

　　切换至横排文字工具或直排文字工具，然后在工作舞台中单击可设置插入点，画面中出现一个闪烁的"I"形光标后，此时输入的文字即为点文字，如图 5-54 所示。点文字在输入的过程中不会自动断行，需要按 Enter 键进行分行处理。

　　（2）段落文字。段落文字是在定界框内输入的文字，具有自动换行、可自由调整文字区域大小等优势。在排版大段落文字时，如宣传手册、网页文字等，可以选用段落文字。

图 5-54　点文字

　　切换至横排文字工具或直排文字工具，然后在工作舞台中按住鼠标左键并向右下角方向拖曳鼠标，此时可以在工作舞台中生成一个虚线框，即文字定界框。释放鼠标左键，定界框内会出现一个闪烁的"I"形光标，此时输入的文字即为段落文字，如图 5-55 所示。

图 5-55　段落文字

　　（3）路径文字。路径文字是指在路径上创建的文字，文字的排列方式受到路径影响，当路径方向发生改变时，文字的排列方式也随之发生变化。所以，路径文字是较为自由的文字排列方式，常用于制作特殊的文字效果。通过圆形路径，将文字的排列方式控制为一个圆形，如图 5-56 所示。

图 5-56　路径文字

　　要创建路径文字需要先创建一条路径，可以使用钢笔工具或形状工具来创建路径。先切换至椭圆工具或矩形工具等任意形状工具，在属性栏中将绘制内容从形状更改为路径。然后在工作舞台中按住鼠标左键，绘制出一条路径，切换至横排文字工具，在路径上单击，当路径上出现一个闪烁的"I"形光标时，即可输入文字，此时输入的文字即为路径文字，如图 5-57 所示。

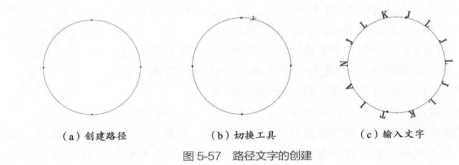

（a）创建路径　　　　　　（b）切换工具　　　　　　（c）输入文字

图 5-57　路径文字的创建

### 5.2.4　演示案例：制作怀旧风格海报

　　【素材位置】素材 / 第 5 章 /02 演示案例：制作怀旧风格海报。

　　怀旧风格海报制作完成效果如图 5-58 所示。

　　近年来，民国时期的报纸、插画、杂志、海报的怀旧设计风格备受青睐，被广泛应用于网页及移动 UI 的界面设计中。民国怀旧风格的设计多为扁平风格插画，绘画内容常与旗袍、中山装等具有时代特色的事物结合，青色、红色和黄色为常用色调，排版多为满版型的构图，文字内容占据相对较多的版面。

　　怀旧风格海报设计步骤如下。

#### 1. 背景设置

　　（1）新建一个 210px×297px 的文档，分辨率为 300ppi，颜色模式为 CMYK 颜色，将背景填充为粉色（R:224，G:204，B:197），为图层添加"图案叠加"图层样式，效果如图 5-59 所示。

图 5-58　怀旧风格海报

（a）填充背景

（b）添加"图案叠加"样式

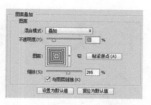

（c）"图案叠加"参数设置

图 5-59　背景纹理设置

（2）置入素材包中的花纹素材，拼接出边框的花纹效果，并添加"颜色叠加"图层样式更改花纹的颜色。最后置入素材包中的边框，效果如图 5-60 所示。

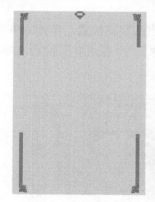

（a）添加花纹

（b）颜色叠加参数设置

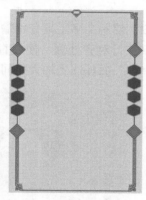

（c）效果

图 5-60　边框花纹设置

（3）置入素材包中的人物插图、色块和彩带图片，执行菜单栏中的"图像"→"调整"→"色相/饱和度"命令，对彩带进行着色处理，效果如图 5-61 所示。

（a）添加人物插画

（b）添加彩带

（c）"色相/饱和度"参数设置

图 5-61　加插画及彩带

### 2. 文字排版

（1）切换至文字工具，使用横排文字工具输入"年度必逛商场首选"，单击属性栏中的"创建变形文字"按钮，在弹出的"变形文字"对话框中，将样式设置为"扇形"，适当调整其弯曲参数，使文字弧度与彩带弧度一致，效果如图 5-62 所示。

（a）文字效果　　　　　　　　　　　　　（b）具体设置

图 5-62　创建变形文字

（2）使用文字工具分别输入"太平盛世"4 个字，适当调整其位置。单击对齐按钮，对文字进行对齐处理。使用直排文字工具输入"国货当强""青春永驻"两行文字，通过"字符"面板适当加大字间距，效果如图 5-63 所示。

（a）点文字　　　　　　　　　　　　　（b）直排文字

图 5-63　文字排版

（3）使用矩形工具绘制分割线，使用椭圆工具绘制圆，为圆添加"描边"图层样式。然后置入橄榄枝素材，为其添加"颜色叠加"图层样式，适当调整其位置。最后使用横排文字工具与直排文字工具分别输入文字，效果如图 5-64 所示。

（a）绘制分割线及圆　　　　　　（b）添加橄榄枝　　　　　　（c）添加文字

图 5-64　排版优惠信息文案

## 课堂练习：制作美容服饰杂志封面

【素材位置】素材 / 第 5 章 /03 课堂练习：制作美容服饰杂志封面。

运用本章所介绍的文本工具及排版技巧，对美容服饰杂志封面进行排版设计，完成效果如图 5-65 所示。字体样式、字号大小、字体颜色等，可以与效果图有所差异，具体制作要求如下。

案例：自制美容服饰与女性杂志封面

图 5-65　杂志封面排版

（1）字体样式。选用符合女性气质和美妆行业的艺术字体进行封面字体排版。建议字体样式不超过 5 种，可选用同一样式不同字重的字体进行排版，体现内容的层级关系。

（2）字号大小。根据文本的重要程度合理设置字号的大小，使标题层次分明。

（3）字体颜色。选择与杂志封面模特头发相似的棕色或黄色，保证画面整体色调协调，避免色彩过分跳跃或压抑，配色宜彰显时尚、健康、自然、美丽的气质。

## 本章小结

本章围绕绘图工具及文本工具在 UI 设计中的应用，详细讲解了渐变工具与"渐变叠加"图层样式之间的区别、油漆桶工具的常用属性及基本操作方法、铅笔工具及擦除工具的常用属性。重点讲解了前景色与背景色填充、内容识别与图案填充 4 种填充的操作方法。画笔工具是本章的重点，读者需要通过练习，熟悉"画笔"面板中的常用属性，如间距、形状动态、传递等。

文本的排版与布局是设计中的重要模块，读者除了需要掌握文本工具的"字符"面板和"段落"面板中的常用属性以外，还需要掌握排版的技巧，根据设计需求灵活搭配文字的样式、字重、间距等。

## 课后练习：制作波普风格女装 Banner

【素材位置】素材 / 第 5 章 /04 课后练习：制作波普风格女装 Banner。

综合运用本章所介绍的文本工具、图案填充工具和画笔工具，制作"条纹控"女装 Banner，完成效果如图 5-66 所示，具体制作要求如下。

案例：波普风格女装平面海报设计

图 5-66　女装 Banner 设计

（1）文字。将文字图层转化成像素图层，然后为文字图层添加"描边"图层样式。

（2）纹理。完成效果需包含 3 种纹理样式，文字中的斜条纹、绿色背景中的点状纹理和灰色文字的横线纹理。

（3）渐变。使用画笔工具或渐变工具绘制绿色背景中的渐变效果，保证绿色背景中左上角与右下角出现色彩的渐变过渡。

第 6 章

# 蒙版与通道在 UI 设计中的应用

## 【本章目标】

○ 了解 Photoshop 中蒙版的分类，熟悉蒙版的基本原理及用途。

○ 掌握图层蒙版的添加、删除、停用、复制等基本操作，灵活运用图层蒙版与画笔工具处理图像。熟悉图层蒙版在调整图层上的应用，综合运用图层蒙版与调整图层对图像的色彩进行处理。

○ 熟悉矢量蒙版的创建与删除等基本操作，熟悉矢量蒙版与图层蒙版的转换方法。

○ 掌握剪贴蒙版的创建与释放等基本操作，熟悉剪贴蒙版不透明度的设置。

○ 了解 Photoshop 中通道的类型，"通道"面板中红、绿、蓝以及 Alpha 通道的作用。掌握通道的创建、删除、复制等基本操作，熟悉通道与选区的相互转换，灵活运用通道进行抠图处理。

## 【本章简介】

在 UI 设计中，直接利用原始素材进行设计的概率很小，往往需要对图像进行二次处理，以符合创作的需求。本章通过抠图、图像合成、图像校色等方式，对原始图像素材的显示范围进行合理控制，从而达到"取其精华、去其糟粕"的设计目的。

Photoshop 中提供了强大的蒙版与通道功能，可以高效、精准地控制图像的显示范围。本章将理论讲解与实战相结合，详细讲述蒙版与通道的原理、基本操作方式以及它们在 UI 设计中的实际应用。

## 6.1  图层蒙版的应用

图层蒙版是一种非破坏性的、可逆的图像编辑方法，可以对图层蒙版进行多次反复操作。图层蒙版在 UI 设计中应用十分广泛，在新建调整图层、填充图层及智能滤镜时，Photoshop 会在图层上自动形成图层蒙版，如图 6-1 所示。

图 6-1　自动形成图层蒙版

### 6.1.1  图层蒙版的基本原理

图层蒙版是一个具有 256 级色阶的灰度图像（在灰度模式下，所有图像都只有黑白灰信息），所以图层蒙版中只存在黑白灰 3 种色彩。图层被添加图层蒙版后，工具栏中的拾色器会自动将前景色与背景色设置为默认的颜色，即前景色为黑色，背景色为白色。

在图层蒙版中，纯白色对应的图像是可见的，其不透明度为 0%；纯黑色会遮挡图像，其不透明度为 100%；灰色区域会使图像呈现出一定程度的透明效果，其不透明度为 0%~100%，灰色越深，图像越透明，如图 6-2 所示。所以在绘制图层蒙版时，可以使用灰色进行绘制。

（a）原图

（b）画面效果

（c）图层蒙版效果

图 6-2　图层蒙版中的色彩信息

使用灰色绘制图层蒙版时，灰色既可以显示画面，也可以隐藏画面。这就需要对比图层蒙版中具体位置的明度信息：若原有明度比绘制的明度高，即灰色相对更浅，此时绘制的灰色能起到隐藏画面的作用；若原有明度比绘制的明度低，即灰色相对更深，此时在图层蒙版中绘制的灰色能还原显示出更多原始画面的图像信息。当然，绘制图层蒙版的画笔本身的不透明度参数与流量参数，也会影响画面的显示效果。

## 6.1.2　图层蒙版的基本操作

### 1. 图层蒙版的创建

调整图层和填充图层在创建时就能自动形成图层蒙版，智能对象在应用滤镜时也能自动形成图层蒙版，但是像素图层、文字图层和形状图层则需要手动为其添加蒙版。可以通过以下两种途径创建图层蒙版。

（1）先在"图层"面板中选中相应的图层，然后单击"图层"面板下方的"添加图层蒙版"按钮，即可在图层右侧添加图层蒙版。此时添加的图层蒙版为白色，图层蒙版在未被编辑前，原图像不受任何影响。

（2）在"图层"面板中选中相应的图层，然后执行菜单栏中的"图层"→"图层蒙版"→"显示全部"或"隐藏全部"命令即可为图层添加蒙版。执行"显示全部"命令后，图层蒙版为白色，此时工作舞台中的图层内容不受影响，与没添加蒙版前一样，不发生任何变化。执行"隐藏全部"命令后，图层蒙版为黑色，此时工作舞台中的图层内容被完全遮挡，如图 6-3 所示。

图 6-3　"显示全部"与"隐藏全部"命令

### 2. 图层蒙版的删除与停用

（1）图层蒙版的删除。可以通过以下 3 种方式删除图层蒙版：①选中图层蒙版，单击"图层"面板下方的"删除图层"按钮，在弹出的对话框中单击"删除"，可将图层蒙版进行删除，如图 6-4 所示；②将鼠标指针移至图层蒙版上方，然后按住鼠标左键将图层蒙版拖曳至"删除图层"按钮上，同样可以将图层蒙版删除；③将鼠标指针移至图层蒙版上方，在图层蒙版上单击鼠标右键，在弹出的快捷菜单中执行"删除图层蒙版"命令。

要注意图层蒙版被选中与未被选中时的区别，图层蒙版被选中后，其外边缘有虚线框出现。如果未选中图层蒙版，而将图层拖曳至"删除图层"按钮上，则会将整个图层删除，如图 6-5 所示。

（2）图层蒙版的停用。与删除图层蒙版不同，停用图层蒙版是指将图层蒙版暂时屏蔽，让其不起作用。将鼠标指针移至图层蒙版上单击鼠标右键，在弹出的快捷菜单中执行"停用图层蒙版"命令，图层蒙版上出现红色的"×"，即表明图层蒙版已被停用，如图 6-6 所示。图层蒙版停用后，工作区域中的原始图像完全显示出来。

图 6-4　删除图层蒙版

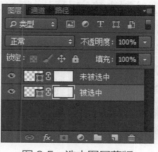

图 6-5　选中图层蒙版

图 6-6　停用图层蒙版

### 3. 图层蒙版的绘制

添加图层蒙版后，需要使用绘图工具对蒙版进行绘制，才能控制原始图像的显示范围，绘制图层蒙版的常用绘图工具包括画笔工具、橡皮擦工具、渐变工具等。

选中图层蒙版，切换至画笔工具、橡皮擦工具或渐变工具，适当调整工具的属性，然后在工作舞台中进行绘制。

（1）画笔工具。适当调整画笔的类型、大小和不透明度等属性，然后在图层蒙版上进行涂抹。使用柔角边缘的画笔，原始图像的过渡边界自然柔和；使用硬角边缘的画笔，原始图像的过渡边界十分生硬，如图6-7所示。

要注意两点：①必须选中图层蒙版后再进行涂抹，应避免直接在原始图像上绘制；②涂抹过程务必在工作舞台中原始图像的像素范围内进行，避免在原始图像的透明区域内进行绘制。

（a）原图 （b）边缘柔和 （c）边缘生硬

图 6-7 蒙版边缘效果

（2）橡皮擦工具。使用橡皮擦工具绘制蒙版的方法与画笔工具相同，其原理也大同小异：黑色代表隐藏，白色代表显示。但是需要注意二者的区别。使用画笔工具时，要使原始图像被隐藏，则前景色应设置为黑色；要使图像中被隐藏的画面再次被呈现出来，则前景色应设置为白色。使用橡皮擦工具时，要使画面暂时隐藏，则背景色应设置为黑色；要使隐藏的画面再次显示出来，则背景色应设置为白色。

二者之所以存在以上区别，主要是由于使用画笔工具绘制图层蒙版时，默认使用前景色；使用橡皮擦工具绘制图层蒙版时，默认使用背景色。

（3）渐变工具。使用渐变工具绘制蒙版时，需要先选中蒙版，然后切换至渐变工具，适当调整渐变的类型与色彩（建议使用黑白灰无色相的色彩进行编辑，黑色表示隐藏，白色表示显示），最后在工作舞台中拖曳出渐变，如图6-8所示。使用渐变工具绘制的图层蒙版，相比画笔工具及橡皮擦工具绘制的图层蒙版，其过渡更为均匀，但是其灵活度较差，且只能通过一次绘制来确定图层蒙版的显示范围，即每次改变渐变的起始点，都将重新确定图层蒙版的显示范围。

使用渐变工具绘制图层蒙版前，需确保已经选中图层蒙版，避免选中原始图像而直接在原始图像上绘制，破坏原始图像。一般情况下，渐变工具不能在非像素图层上直接使用，直接在智能对象等非像素图层上使用渐变工具的话，Photoshop 将自动提示禁止绘制的标识。因此在绘制图层蒙版前，应注意像素图层上的图层蒙版是否被选中，避免破坏像素图层的原始图像信息。

（a）原图　　　　　　　（b）效果　　　　　　　（c）径向渐变

图 6-8　渐变工具绘制蒙版

## 6.1.3　演示案例：制作双重曝光电影海报

【素材位置】素材/第6章/01 演示案例：制作双重曝光电影海报。

双重曝光电影海报制作完成效果如图 6-9 所示。

《城市森林》电影海报是一张双重曝光的电影海报，以广告的形式投放在猫眼、豆瓣、美团等 App 的启动页中，以增加电影的曝光度。

案例：双重曝光

"双重曝光"或"多重曝光"是指将两张甚至更多张的底片叠加在一起进行曝光的摄影技术。利用双重曝光技术可以增强图片的虚幻效果。现在将拍摄好的图片导入计算机，然后利用 Photoshop 中的图层蒙版、图层混合模式、图层不透明度等工具，可以将两张甚至更多张图片叠加融合在一起，从而获得震撼的视觉效果，这是电影海报中常见的制作手法。

双重曝光电影海报制作过程如下。

### 1. 制作人物效果

（1）新建一个 720px × 1280px 的文档，分辨率为 72ppi，颜色模式为 RGB 颜色。置入人物图片，适当调整其位置，选中图片，单击"图层"面板下方的"添加图层蒙版"按钮，为该图层添加一个图层蒙版，如图 6-10 所示。

（2）按快捷键 B 键，切换至画笔工具，选择柔角边缘的画笔，将画笔不透明度调整为 50%，然后适当调整画笔大小。选中蒙版，使用画笔在图片边缘进行涂抹，使其边缘过渡更柔和，如图 6-11 所示。

图 6-9　双重曝光电影海报

图 6-10　添加图层蒙版

图 6-11　涂抹图层蒙版

（3）选中"人物"图层，执行菜单栏中的"图像"→"调整"→"色相／饱和度"命令，在弹出的"色相／饱和度"对话框中勾选"着色"复选框，将色相调整为黄色，适当调整饱和度及明度参数。最后选中"图层"面板中"智能滤镜"图层前的图层蒙版，使用黑色柔角边缘画笔，在人物头发上涂抹，适当削弱"色相／饱和度"调整图层对人物头发颜色的影响，如图 6-12 所示。

图 6-12　调整"色相／饱和度"

### 2. 制作城市及森林效果

（1）置入城市素材，并为"城市"图层添加图层蒙版，使用柔角边缘画笔抹去城市上半部分，仅保留右下角部分。选中"城市"图层，执行菜单栏中的"编辑"→"调整"→"亮度／对比度"命令，适当降低城市图层的亮度，增强其对比度，如图 6-13 所示。

图 6-13　添加城市素材

（2）置入森林素材，将其混合模式更改为"叠加"，为该图层添加图层蒙版，使用柔角边缘画笔抹去上半部分及下半部分，仅保留人物脖子及头发处的内容。最后按 Ctrl+J 组合键，对森林素材进行复制，如图 6-14 所示。

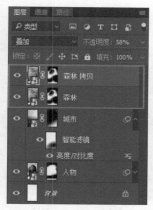

图 6-14　添加森林素材

（3）再次置入一张森林图片素材，将其置于"人物"图层下方作为背景。然后为"森林"图层添加图层蒙版，使用柔角边缘画笔涂抹下半部分，仅保留左上角部分，降低图片的不透明度。最后复制一份森林图片，按 Ctrl+T 组合键调出定界框，将森林素材移至人物头发上，再次使用柔角画笔对蒙版进行涂抹，如图 6-15 所示。

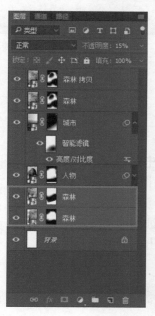

图 6-15　添加背景

### 3．排版文案

（1）置入矩形边框素材，使用横排文字工具输入日期"09"及"Dec"，调整字体样式及大小。使用直排文字工具输入左侧与右侧边缘装饰性文案，效果如图 6-16 所示。

（2）新建一个空白图层，切换至渐变工具，将渐变条设置为从黑色到黑色透明的线性渐变，在空白图层中绘制渐变效果，压暗下方城市图片，便于拉开图片与背景间的明暗差别，过程与效果如图 6-17 所示。最后使用段落文本工具输入下方文字，最终完成效果如图 6-9 所示。

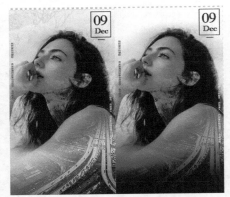

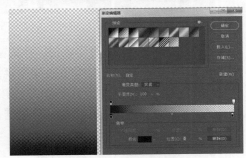

图 6-16　添加日期及装饰文案　　　　　图 6-17　添加黑色线性渐变

## 6.2　矢量蒙版的应用

### 6.2.1　矢量蒙版的基本原理

矢量蒙版是利用矢量工具，即 Photoshop 中的形状工具来创建的蒙版。矢量蒙版常用于制作 Logo、按钮及图标等元素。与基于像素而存在的图层蒙版相比，矢量蒙版与分辨率无关，所以在 Photoshop 中缩放矢量工具绘制的图形时，能保证图形不变模糊。

利用心形矢量图形的外形轮廓，可以创建出心形的矢量蒙版，从而控制图形的显示轮廓，如图 6-18 所示。

矢量蒙版

图 6-18　矢量蒙版

矢量蒙版是基于矢量图形的路径而存在的一种蒙版类型，在 Photoshop 中，可以通过以下 3 种方式制作矢量图形的路径。

（1）使用工具栏中预设的常用基本图形进行绘制，如矩形、圆角矩形、椭圆和多边形等，如图 6-19 所示。

（2）使用自定形状工具中的其他矢量图形进行绘制。切换至工具栏中的自定形状工具，单击打开属性栏中的形状下拉列表框，选择自定义形状即可绘制矢量蒙版，如图 6-20 所示。另外，还可以单击下拉列表框右侧的按钮，追加更多的形状图形。

图 6-19　常用基本图形

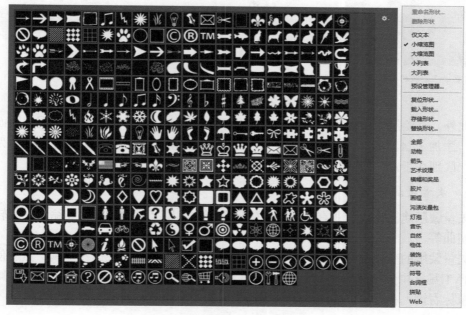

图 6-20　自定形状

（3）使用钢笔工具进行绘制。钢笔工具可以绘制各种形态的矢量图形路径，是 UI 设计中常用的矢量绘图工具。当然，需要先将绘制好的矢量图形存储为自定形状。先选中矢量图形，然后执行菜单栏中的"编辑"→"定义自定形状"命令，将矢量图形存储为自定形状，存储后的形状可在自定形状工具属性栏中的形状下拉列表框中找到。

## 6.2.2　矢量蒙版的基本操作

### 1. 矢量蒙版的创建

可以通过以下途径建立矢量蒙版。

（1）矢量蒙版是建立在矢量图形的路径基础上的，所以先将工具切换至任意一个矢量工具（此处以椭圆工具为例），然后在属性栏中将工具模式设置为"路径"，如图 6-21 所示。

图 6-21　切换工具模式

（2）在工作舞台中按住鼠标左键，拖曳出一个与镜子等大的椭圆路径，适当调整路径与白虎图像之间的位置，使其互相重叠。然后选中白虎图层，执行菜单栏中的"图层"→"矢量蒙版"→"当前路径"命令，为图像建立一个椭圆形的矢量蒙版。此时，图像仅显示蒙版范围以内的信息，如图 6-22 所示。

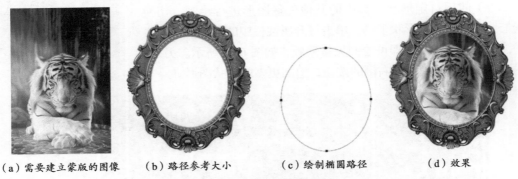

（a）需要建立蒙版的图像　　（b）路径参考大小　　（c）绘制椭圆路径　　　　（d）效果

图 6-22　建立矢量蒙版

此外，在绘制完路径后，还可以选中图像，按住 Ctrl 键，然后单击"图层"面板下方的"添加矢量蒙版"按钮□。要注意，"添加矢量蒙版"与"添加图层蒙版"为同一按钮，区别在于：添加图层蒙版时，无须建立路径，也不需要按住 Ctrl 键。

### 2. 矢量蒙版的变换

矢量蒙版建立完成后，有时需要对矢量蒙版中的路径进行调整，如缩放、旋转、变形、扭曲等。

矢量蒙版的变换方法与图像的变换方法一样，先切换至路径选择工具，然后使用路径选择工具选中矢量蒙版本身。按 Ctrl+T 组合键调出路径的定界框，并在工作舞台中单击鼠标右键，在弹出的快捷菜单中选择相应的变换命令，如图 6-23 所示。

（a）选中路径　　　　　　　　（b）调出定界框　　　　　　（c）选择变换命令

图 6-23　矢量蒙版的变换

### 3. 矢量蒙版与图层蒙版的转换

矢量蒙版是基于矢量图形的路径而存在的蒙版，而图层蒙版是基于像素存在的蒙版。在 Photoshop 中，矢量图形可以通过"栅格化"命令转换成像素图层，同理，矢量蒙版同样能转化成图层蒙版。

可以选定矢量蒙版所在的图层，然后执行菜单栏中的"图层"→"栅格化"→"矢量蒙版"命令,将矢量蒙版转换成图层蒙版。注意,此操作不可逆,被转换后的蒙版不能再转换成矢量蒙版,如图 6-24 所示。

（a）矢量蒙版

（b）图层蒙版

图 6-24　矢量蒙版与图层蒙版的转换

## 6.2.3　演示案例:制作剪纸风格圣诞广告页

【素材位置】素材 / 第 6 章 /02 演示案例:制作剪纸风格圣诞广告页。

剪纸风格圣诞广告页制作完成效果如图 6-25 所示。

剪纸艺术是我国古老的民间艺术,作为一种镂空艺术,剪纸能给人视觉上的透空感,具有浓郁的中国特色。近年来,剪纸艺术效果被广泛应用于各类节日的促销广告中,备受青睐。

在制作海报、Banner、Logo 时,可以使用矢量蒙版进行设计,以避免图形缩放时出现模糊的现象。当前案例需要先将 Logo 定义为自定形状,然后以 Logo 为外形轮廓为手机添加矢量蒙版,并在矢量蒙版上添加图层样式,使效果更加立体。

剪纸风格圣诞广告页制作步骤如下。

### 1．设置背景

（1）新建一个 720px×1280px 的文档,分辨率为 72ppi,颜色模式为 RGB 颜色。新建一个空白图层,将背景填充为暗红色。再次新建一个空白图层,选择一个明度更高的红色,切换至画笔工具,选择柔角边缘画笔,适当调整画笔

图 6-25　剪纸风格圣诞广告页

的不透明度，画笔大小设置为大致与文档等宽。然后在文档中间逐次单击，制作出径向渐变的效果。此处切忌使用涂抹的方式制作高亮效果，避免出现过渡不均匀的现象，效果如图 6-26 所示。

（2）置入剪纸素材，放置于文档上方，置入手机产品素材，放置于文档中央，置入启动图标素材，放置于文档下方，效果如图 6-27 所示。

（a）填充暗红色背景　　（b）添加高亮效果

图 6-26　制作背景

（a）添加剪纸素材　　　　　（b）添加手机产品素材　　　　　（c）添加启动图标素材

图 6-27　添加素材

## 2. 制作矢量蒙版

（1）打开素材包中的"Logo.psd"源文件，切换至路径选择工具，选中 Logo 图层的路径，然后执行菜单栏中"编辑"→"定义自定形状"命令，在弹出的"形状名称"对话框中，单击"确定"按钮，如图 6-28 所示。

图 6-28　定义自定形状

（2）切换至自定形状工具，单击打开属性栏中的形状下拉列表框，选择自定义的 Logo 图形，然后将工具模式切换至路径，如图 6-29 所示。

（3）在手机素材上方绘制一个 Logo 的路径，然后选中手机素材图层，按住 Ctrl 键，单击"图层"面板下方的"添加矢量蒙版"按钮，为手机图层添加一个矢量蒙版，效果如图 6-30 所示。

图 6-29 选择自定形状

（a）绘制路径

（b）"图层"面板效果

（c）添加矢量蒙版后

图 6-30 添加矢量蒙版

（4）选中矢量蒙版，将鼠标指针移至矢量蒙版上，按住 Ctrl 键，然后单击矢量蒙版，将矢量蒙版的外形轮廓载入选区。新建一个空白图层，将前景色设置为红色，按 Alt+Delete 组合键，对选区进行前景色填充。最后将填充颜色后的图层置于矢量蒙版图层下方，效果如图 6-31 所示。

（a）载入选区

（b）填充颜色

（c）调整图层顺序

图 6-31 制作外形轮廓

### 3．添加图层样式

（1）选中填充颜色后的图层，为其添加"斜面和浮雕"图层样式，将样式设置为"外斜面"，方法设置为"平滑"，方向设置为"上"，适当增大"大小"与"软化"的参数，具体设置与效果如图 6-32 所示。

（a）参数设置　　　　　　　　　　（b）效果

图 6-32　添加"斜面和浮雕"

（2）为填充颜色后的图层添加"内阴影"图层样式，内阴影颜色设置为暗红色，混合模式设置为"正片叠底"，适当加大"距离及大小"的参数，具体设置与效果如图 6-33 所示。

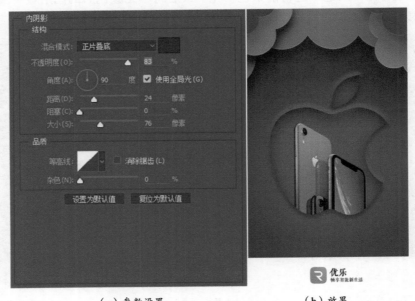

（a）参数设置　　　　　　　　　　（b）效果

图 6-33　添加"内阴影"

（3）为填充颜色后的图层添加"描边"图层样式。选中该图层，在图层上单击鼠标右键，在弹出的快捷菜单中执行"转换为智能对象"命令，按 Ctrl+J 组合键，对该图层进行复制，适当调整复制图层的大小与旋转角度，如图 6-34 所示。

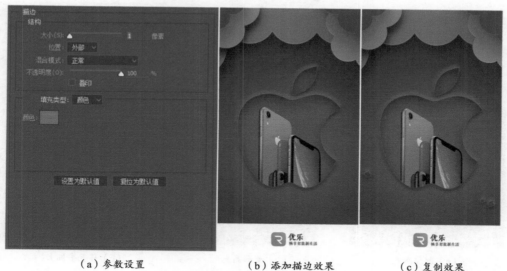

（a）参数设置　　　　　　　（b）添加描边效果　　　　　（c）复制效果

图 6-34　添加描边

### 4. 完善细节

（1）将雪花素材置入文档，放置于剪纸素材下方。置入各种圣诞节吊挂装饰物品，适当调整其位置，效果如图 6-35 所示。

（a）添加雪花　　　　　　　　　　（b）添加挂饰

图 6-35　添加装饰元素

（2）新建一个空白图层，使用白色柔角边缘画笔绘制出白色的高光光晕，接着按
Ctrl+T 组合键，对高光进行变形。然后将高光移至需要增强光感的地方，效果如图 6-36
所示。最后，使用段落文字工具对文案进行排版，最终完成效果如图 6-25 所示。

（a）制作高光

（b）变形高光

（c）移至手机上

图 6-36　添加高光

## 6.3　剪贴蒙版的应用

### 6.3.1　剪贴蒙版的基本原理

剪贴蒙版

剪贴蒙版是由一个基底图层的外形轮廓控制一个或多个内容图
层显示范围的一种蒙版类型。剪贴蒙版由两部分组成：基底图层与
内容图层，如图 6-37 所示。基底图层与内容图层之间通过小图标
进行链接，二者在"图层"面板中必须是上下相邻的图层。

（a）内容图层　　（b）基底图层　　　（c）"图层"面板　　　（d）效果

图 6-37　剪贴蒙版的图层结构

（1）基底图层。在 Photoshop 中，剪贴蒙版的基底图层位于下方，其外形轮廓决定
蒙版的显示范围，其作用与矢量蒙版中的矢量图形路径相似。基底图层范围以内的内容
图层可见，范围以外的内容图层不可见。只要改变基底图层的位置，蒙版范围以内的内
容信息也跟随发生变化，如图 6-38 所示。

（a）移动基底图层　　　　　　（b）效果 1　　　　（c）效果 2

图 6-38　基底图层的作用

（2）内容图层。内容图层位于基底图层的上方，剪贴蒙版中的内容图层可以是一个或者多个，如图 6-39 所示。同一剪贴蒙版中存在多个内容图层时，位于上方的内容图层会对下方的内容图层造成遮挡。但是，所有内容图层的不透明度属性都受基底图层的影响，若降低基底图层的不透明度，那么所有内容图层的不透明度都将随之降低。

图 6-39　多个内容图层

## 6.3.2　剪贴蒙版的基本操作

### 1. 剪贴蒙版的创建

可以通过以下两种途径创建剪贴蒙版。

（1）首先创建一个基底图层，基底图层一般使用形状图层创建。然后创建或置入作为内容图层的素材，一般情况下，内容图层多为外置的图片素材。将内容图层置于基底图层上方，保证二者上下相邻。选中内容图层，执行菜单栏中的"图层"→"创建剪贴蒙版"命令即可。

（2）调整好基底图层与内容图层的顺序后，在选中内容图层的前提下，按Ctrl+Alt+G 组合键，创建剪贴蒙版。此外，还可以选中内容图层，将鼠标指针移至内容图层与基底图层之间的位置，按住 Alt 键，当鼠标指针变成▉时单击，同样可以创建剪贴蒙版。

### 2. 剪贴蒙版的释放

剪贴蒙版创建后，选中内容图层，执行菜单栏中的"图层"→"释放剪贴蒙版"命令或按 Ctrl+Alt+G 组合键，即可一次性释放剪贴蒙版内所有的内容图层。

当剪贴蒙版中同时存在多个内容图层时，若需要将其中某个内容图层移出剪贴蒙版，可以通过调整图层顺序的方式将其移出。首先选中需要移出的内容图层，然后按 Ctrl+[ 或 Ctrl+] 组合键，向下或向上移动图层顺序，如图 6-40 所示。当内容图层移至所有内容图层的底部或顶部时，再按一次 Ctrl+[ 或 Ctrl+] 组合键，越过其他图层，使它们不再上下相邻，才能将其彻底释放。

（a）调整前　　　　　　（b）移至顶部　　　　　　（c）移出

图 6-40　调整内容图层顺序

在释放某个内容图层时要注意，若选中某个位于中间的内容图层，将鼠标指针移至图层之间，按 Alt 键并单击将此内容图层进行释放时，该内容图层上方的所有其他内容图层将同时被释放，如图 6-41 所示。

（a）准备释放　　　　　　（b）释放后

图 6-41　同时释放上方的内容图层

## 6.3.3　演示案例：制作圣诞晚宴电子邀请函

【素材位置】素材 / 第 6 章 /03 演示案例：制作除夕晚宴电子邀请函。

除夕晚宴电子邀请函制作完成效果如图 6-42 所示。

图 6-42　除夕晚宴电子邀请函

随着社会的高速发展，晚宴邀请函已从过去的纸质卡片过渡到电子形式。电子邀请函不用印刷，相比传统的纸质邀请函更环保，传播更加快捷方便，制作形式也更为多样化。

除夕晚宴电子邀请函制作步骤如下。

（1）制作背景。新建一个 1000px × 1500px 的文档，分辨率为 72ppi，颜色模式为 RGB 颜色。将背景填充为暗红色（R:149，G:10，B:20），使用柔角边缘画笔在文档中间绘制高光，模拟出径向渐变的效果，如图 6-43 所示。

（a）填充背景色　　　　（b）制作高光

图 6-43　制作背景

（2）先置入文字素材与材质素材，将"材质"图层置于"文字"图层上方，选中"材质"图层按 Ctrl+Alt+G 组合键创建剪贴蒙版，适当调整"材质"图层的位置，效果如图 6-44 所示。

（3）选中"文字"图层，为其添加两层"阴影"图层样式：设置第一层阴影为褐色、距离为 11px、大小为 0px，制作出文字的立体感；设置第二层外发光为褐色、混合模式为正片叠加、大小为 5px，制作出文字的效果。最后置入灯笼素材，效果如图 6-45 所示。

（a）置入素材　　　　　（b）建立蒙版　　　　　（c）调整图层顺序

图 6-44　创建剪贴蒙版

（a）增加阴影厚度（1）　　（b）增加阴影厚度（2）　　（c）置入灯笼素材

图 6-45　添加阴影

（4）置入粒子素材，然后选中"粒子"图层，单击"图层"面板下方的"创建新的填充或调整图层"按钮，创建一个色彩平衡调整图层。选中调整图层，按 Ctrl+Alt+G 组合键，创建粒子图层与调整图层的剪贴蒙版，保证调整图层效果仅作用于下方的粒子图层。增加"色彩平衡"中黄色的比例，使粒子色彩趋于金黄色，如图 6-46 所示。

（a）粒子素材　　　　（b）调整"色彩平衡"参数　　　　（c）调色效果

图 6-46　粒子调色

（5）置入"除夕"文字素材，并为素材添加"投影"图层样式。然后再次置入材质素材，与"除夕"素材图层建立剪贴蒙版。新建空白图层，将空白图层加入剪贴蒙版中。

切换至"画笔"工具，使用柔角边缘画笔在"除夕"文字上较暗的区域涂抹，对其进行提亮，效果如图 6-47 所示。

（a）置入素材　　　　　　（b）建立蒙版　　　　　　（c）提亮

图 6-47　文字效果

（6）使用文字工具输入晚宴的时间、名称等文字信息，将所有文字图层成组，然后在组上方新建一个空白图层，使用柔角边缘画笔，在文字上涂抹出金黄的效果，如图 6-48 所示。

（7）将文档中除背景图层以外的所有图层成组，命名为"主体内容"。然后置入光斑素材，将"光斑"图层的混合模式修改为"滤色"，为"光斑"图层添加图层蒙版，适当擦除过亮的光斑，效果如图 6-49 所示。最后置入边框素材，效果如图 6-42 所示。

（a）输入文字　　　　　（b）建立蒙版

图 6-48　文字排版　　　　　　　　　　　图 6-49　添加光斑效果

## 6.4　通道的应用

### 6.4.1　通道的基本原理

通道是 Photoshop 中的高级功能，它与图像的内容、色彩和选区相关。图 6-50 所示为"通道"面板及其主要选项的功能。下面主要介绍"通道"

图 6-50　"通道"面板

面板中通道的 3 种类型：颜色通道、复合通道和 Alpha 通道。

### 1. 颜色通道

颜色通道是主要用于记录图像内容及颜色信息的通道，Photoshop 文档的颜色信息不同，颜色通道的类型及数量也不同。将同一图像置入不同颜色模式的文档中，"通道"面板中的颜色通道发生相应变化：在 RGB 颜色模式下，包含红、绿、蓝通道和 RGB 复合通道；在 CMYK 颜色模式下，包含青色、洋红、黄色、黑色通道和 CMYK 复合通道，如图 6-51 所示。

（a）图像　　　　　　　（b）RGB 颜色　　　　　　（c）CMYK 颜色

图 6-51　颜色通道

可以执行菜单栏中的"图像"→"模式"命令，切换文档的颜色模式。Photoshop 除了支持常见的 RGB 颜色模式及 CMYK 颜色模式以外，还支持位图、灰度、双色调、索引颜色、Lab 颜色和多通道等模式，如图 6-52 所示。

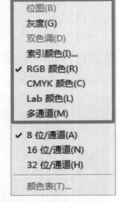

### 2. 复合通道

复合通道是由颜色通道与 Alpha 通道等共同组成的混合通道，在该通道下可对图像进行预览与编辑。图像置入文档后未经处理时的视觉效果，即是复合通道所呈现的结果。

接下来以 RGB 颜色模式为例，讲解复合通道的构成。

在 RGB 颜色模式下，图像的复合通道为 RGB 通道，它由红（Red，R）、绿（Green，G）、蓝（Blue，B）3 个通道混合后共同组成，

图 6-52　颜色模式

3 个通道中分别记录了图像中红、绿、蓝 3 种光的颜色信息（图像颜色信息即光本身的色相、饱和度和明度信息）。

图 6-53 所示为同一图像在红、绿、蓝 3 个颜色通道的效果，图像中沙发区域在红通道中明度最高、最亮，由此可知该区域的红光明度较高，相应的绿光与蓝光的明度较低、较暗，红、绿、蓝 3 种光混合后最终呈现出红色沙发的视觉效果。

（a）图像　　　　（b）R 红通道　　　　（c）G 绿通道　　　　（d）B 蓝通道

图 6-53　复合通道

### 3. Alpha 通道

Alpha 通道主要用于记录图像中的透明度信息，利用图像中的透明度信息，可以将图像选中并载入选区。在 Alpha 通道中，只存在黑白灰 3 种色彩：黑色区域为透明区域，没有任何图像信息，该区域不能被选择到；白色区域图像不透明度为 100%，可以被选择；灰色区域图像根据其不透明度程度，部分可以被选择到，如图 6-54 所示。

图 6-54　Alpha 通道

切换至画笔工具，然后选中 Alpha 通道，使用白色的画笔对图像进行涂抹，原本黑色及灰色不能被选择的区域被涂抹成白色后，可以被选中并载入选区。

## 6.4.2　通道的基本操作

使用通道抠图与使用魔棒工具、快速选择工具等抠图工具的区别在于：通道能记录图像本身的透明度信息，所以通道常用于半透明图像的抠图，如烟、火、冰、婚纱等，如图 6-55 所示。抠图时需要对通道进行复制、删除、分离与合并、载入选区等操作。

### 1. 通道的复制与删除

使用通道进行抠图时，为避免对原图像的破坏，不能直接选择原图像中的颜色通道进行抠图，此时需要对通道进行复制，然后在复制的通道上进行编辑。

首先选中"通道"面板中的任意一个通道，然后按住鼠标左键，将此通道拖曳到"通道"面板下方的"创建新通道"按钮上，即可实现对通道的复制。选中需要删除的通道，按住鼠标左键，并将通道拖曳到"通道"面板下方的"删除当前通道"按钮上可将其删除，如图 6-56 所示。

图 6-55　通道抠图

图 6-56　复制通道

### 2. 通道与选区的互相转换

（1）将通道载入选区。对半透明图像进行抠图，需要在红、绿、蓝 3 个颜色通道中选择一个明暗对比度最大的通道，先将该通道进行复制，然后选中复制通道，单击"通道"面板下方的"将通道作为选区载入"按钮，或按住 Ctrl 键时单击该通道的缩略图，同样可以将该通道载入选区，如图 6-57 所示。

图 6-57　载入选区

将通道载入选区后，往往容易混淆被选择区域与未被选择区域。观察工作舞台中的黑白图像可知：被载入选区的范围为图像中的白色区域，黑色与灰色区域是未被载入的区域，如图 6-58 所示。

抠图前需要判断抠图所需要的结果，将需要获得的图像信息内容保留，并与图像的背景分离，所以选区应该控制有效的信息内容。水杯及冰块为有效内容区域，但是目前选区所控制的区域为白色背景区域，需要按 Ctrl+Shift+I 组合键将选区进行反向选择，选择到水杯及冰块。

（a）选择白色背景　　　　　　　（b）选择水杯及冰块

图 6-58　区分选择与未被选择区域

控制图像的有效信息区域后，必须要单击选中"通道"面板中的复合通道，然后在"图层"面板中选中原图像图层，按 Ctrl+J 组合键，将有效信息内容区域与背景分离，如图 6-59 所示。

（a）选中复合通道

（b）选中"图层"面板中的图像

（c）分离出选择区域

图 6-59　分离信息内容区域与背景区域

（2）将选区存储为通道。在抠图时，有时候会遇到较为复杂的图像，一旦关闭 Photoshop 后，这些选区可能丢失，需要花费大量时间使用画笔工具重新绘制被选择区域中的内容信息。此时设计师就可以将这些复杂并且可能需要重复利用的选区保存为通道，以便后续使用。

创建完选区后，单击"通道"面板下方的"将选区存储为通道"按钮■，"通道"面板中将自动生成一个通道，该通道内存储了选区的有效信息，如图 6-60 所示。要注意，"将选区存储为通道"按钮在没有选区的情况下是不可用的状态，只有建立选区后才可用。

图 6-60　将选区存储为通道

### 6.4.3　演示案例：制作故障艺术风格弹窗广告

【素材位置】素材 / 第 6 章 /04 演示案例：制作故障艺术风格弹窗广告。

故障艺术风格弹窗广告制作完成效果如图 6-61 所示。

所谓"故障艺术（Glitch Art）"，是指利用事物形成的故障，对其进行艺术加工，使这种故障缺陷成为一种艺术风格的处理手法。数字设备传输故障造成的视频画面播放异常、颜色失真、图像带拖尾等效果，是较为常见的故障类型。

UI 设计中的故障艺术风格之所以流行，源于各大社交 App 对该艺术风格的推崇与使用，其夸张的视觉表现形式，迅速获得了大批年轻用户的青睐。借助 Photoshop 中的通道，可以快速制作出故障艺术风

图 6-61　故障艺术风格弹窗广告

格的作品。

故障艺术风格弹窗广告制作步骤如下。

（1）将素材包中的模特图像拖曳至 Photoshop 中，双击模特图层右侧的空白处，在弹出的"新建图层"对话框中单击"确定"按钮，对图像进行解锁。然后按 Ctrl+J 组合键，将该图层复制两份，制作过程如图 6-62 所示。

（a）解锁前　　　　　　　（b）"新建图层"对话框　　　　　　　（c）复制图层

图 6-62　解锁并复制图层

（2）选中"图层 0"图层，在其右侧双击，在弹出的"图层样式"对话框中单击"混合选项"选项卡，然后在"通道"选项中取消勾选 R 通道与 G 通道，仅保留 B 通道，效果如图 6-63 所示。

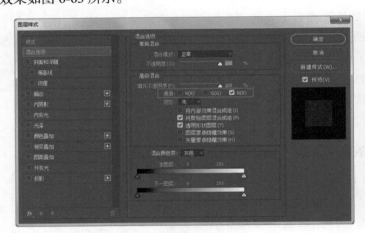

（a）"图层样式"对话框　　　　　　　　　　（b）图像效果

图 6-63　改变图层通道

（3）双击"图层 0 拷贝"图层右侧空白处，添加图层样式，当前图层仅保留 G 通道，然后仅保留"图层 0 拷贝 2"图层的 R 通道，效果如图 6-64 所示。

（4）新建一个空白图层置于"图层"面板底层，并将该图层填充为白色。选中"图层 0"图层，切换至移动工具，按→键，将蓝色图层向右移动。选中"图层 0 拷贝 2"图层，按←键，将红色图层向左移动，从而获得故障艺术效果，如图 6-65 所示。

（5）分别置入素材包中的满减按钮、描边效果、关闭按钮和其他素材，将其放置在适当的位置，最终完成效果如图 6-61 所示。

（a）仅保留 G 通道效果

（b）仅保留 R 通道效果

图 6-64 改变图层通道

图 6-65 故障艺术合成效果

## 课堂练习：制作粉笔字 Banner

【素材位置】素材 / 第 6 章 /05 课堂练习：制作粉笔字 Banner。

运用本章所介绍的剪贴蒙版知识，使用剪贴蒙版制作粉笔字效果，最终完成效果如图 6-66 所示。

图 6-66 粉笔字效果

## 本章小结

本章围绕蒙版与通道在 UI 设计中的应用，详细讲解了 Photoshop 中图层蒙版、剪贴蒙版、矢量蒙版 3 种常用蒙版和通道的相关知识。读者需要在理解蒙版及通道原理的基础上，熟练掌握蒙版与通道的基本操作。

图层蒙版及剪贴蒙版的运用是本章的重点，二者在图像调色、图像合成和图形设计等工作中应用十分广泛，读者需要在实践中灵活运用图层蒙版与剪贴蒙版制作出优秀的设计作品。

通道是本章的难点，通道在半透明物体抠图中具有其他抠图工具所无法比拟的优势，这主要是因为通道中记录了图像的颜色信息及透明信息。读者需要区分通道中可选择与不可选择的区域，掌握通道与选区之间相互转换的方法。

## 课后练习：制作阴影透叠文字 Banner

【素材位置】素材 / 第 6 章 /06 课后练习：制作阴影透叠文字 Banner。

综合运用本章所介绍的通道、剪贴蒙版、图层蒙版等知识，结合前面章节所介绍的图像斜切命令、画笔绘图等知识，制作阴影透叠文字 Banner，完成效果如图 6-67 所示。建议制作步骤如下。

（1）模特抠图。在"通道"面板中选择一个明暗反差较大的通道，将其进行复制，然后将模特载入选区。切换至黑色画笔工具，选择复制的通道，将模特全部涂抹为黑色。最后通过反向选择，对模特进行抠图处理。

（2）文字倾斜。输入文本，按 Ctrl+T 组合键调出定界框，按住 Ctrl 键拖曳定界框右上角的控制点将文字倾斜。

（3）文字阴影。新建空白图层，将其与文字创建剪贴蒙版，使用柔角边缘画笔在被文字遮挡的地方绘制阴影。

图 6-67　健身精品课 Banner

# 第 7 章

# 矢量工具在 UI 设计中的应用

## 【本章目标】

◎ 了解 Photoshop 中矢量、路径和锚点等基本概念。

◎ 掌握矩形工具、圆角矩形工具和椭圆工具等常用矢量工具的常用属性及基本操作，灵活运用 Photoshop 中常用的矢量图形绘制图标及界面中的元素。

◎ 掌握矢量工具的常用绘图模式，掌握路径与形状之间的转换方法。

◎ 熟悉"路径"面板中的常用属性及使用方法，掌握路径与选区之间的相互转换方法，灵活运用矢量图形的运算方法制作复杂的图标与图形。

◎ 掌握钢笔工具中锚点的添加、删除和转换等基本操作，灵活运用钢笔工具绘制自由形态的路径与图形。

## 【本章简介】

矢量图像又被称为向量、面向对象的图像或绘图图像，在数学中被定义为一系列由线连接而成的图像。组成矢量图像的线，在 Photoshop 中被称为"路径"。路径的作用主要是控制矢量图像的形状、轮廓、大小和屏幕位置等属性。矢量图像中的路径形态千变万化，主要是利用路径上的拐点进行控制。这些拐点被称为"锚点"，如图 7-1 所示。

课程目标和矢量的概念

矢量工具在绘制图标与图形方面较之位图绘图工具更有优势，矢量图像在缩放时，不会因为像素丢失而出现画面模糊的现象，所以被广泛应用于设计的各个领域。本章围绕矢量工具在 UI 设计中的应用，详细讲解常用矢量工具的基本操作方法、矢量工具的绘图模式、路径的布尔运算、路径与选区的转换等知识。

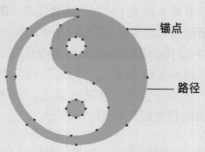

图 7-1　路径与锚点

## 7.1 形状工具组的应用

在 Photoshop 中，形状工具是绘制矢量图像的常用工具之一，所以形状工具往往被设计师称为矢量工具，形状图层又被称为矢量图层。

绘图模式、路径与锚点

### 7.1.1 形状工具的绘图模式

在形状工具的属性栏中，包含了3种绘图模式：形状、路径和像素。

**1. 形状模式**

在形状模式下绘制的形状图层包括填充区域与形状两部分：填充区域定义了形状的颜色、图案及不透明度等属性，它出现在"图层"面板中；形状是一个矢量路径，出现在"路径"面板中，如图 7-2 所示。

(a)形状图层　　　　(b)"图层"面板　　　　(c)"路径"面板

图 7-2　形状工具组

**2. 路径模式**

在路径模式下绘制的形状图层仅以路径的形式出现在"路径"面板中，"图层"面板中不存在该形状图层。如将路径转换成形状时，需要使用 Photoshop 中的填充图层对路径内的区域进行填充。Photoshop 中的填充图层包括纯色、渐变和图案。

绘制完路径后，单击"图层"面板下方的"创建新的填充或调整图层"按钮，在弹出的下拉列表框中选择"纯色"选项后，可对小猫路径进行填充，如图 7-3 所示。

(a)路径　　(b)添加纯色填充图层

图 7-3　填充路径

**3. 像素模式**

在像素模式下绘图，需要先在"图层"面板中新建一个空白图层，然后再进行绘图。此时所绘制的是像素化图像，图像的填充颜色为拾色器的前景色。由于是由像素点组成的图像，所以此时的图像仅以像素图层的形式出现在"图层"面板中，"路径"面板中不会创建路径。

按住 Ctrl 键单击"图层"面板中该图层的缩略图，将图像载入选区。然后单击"路径"面板下方的"从选区生成工作路径"按钮，此时会在"路径"面板中自动创建该图形的路径图层，如图 7-4 所示。

（a）像素图像　　　　　　　（b）载入选区　　　　　　　（c）矢量图像

图 7-4　将选区转换成路径

## 7.1.2　形状工具的基本操作

形状工具组中包含了常用形状和自定形状工具。常用形状工具包括矩形工具、圆角矩形工具、椭圆工具、多边形工具和直线工具，如图 7-5 所示。

常用工具的基本操作及属性大同小异，下面以矩形工具为例，讲解形状工具的基本操作。

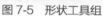

图 7-5　形状工具组　　　使用形状工具

### 1. 形状图层的创建

可以通过以下两种途径在工作舞台中创建形状图层。

（1）拖曳新建。切换至矩形工具，然后在属性栏中设置矩形的填充、描边和描边粗细等参数，图 7-6 所示为矩形工具的属性栏。设置完参数后，在工作舞台中按住鼠标左键并拖曳鼠标，释放鼠标左键后即可新建出矩形。

图 7-6　矩形工具属性栏

通过以上操作，可以沿着矩形的顶点创建形状图层；若拖曳鼠标并在未释放鼠标左键的同时按住 Alt 键，就可以沿着矩形的几何中心绘制图形。

在设计中有时候需要绘制正方形，拖曳鼠标并在未释放鼠标左键的同时按住 Shift 键，就可以绘制出一个正方形。同理，利用椭圆工具绘制圆时，也需要按住 Shift 键。

（2）单击新建。通过拖曳创建形状图层是较为常用的方式，但是形状的宽度与高度随机性较大，有时候需要创建固定大小的形状。

同理，先切换至矩形工具，然后在工作舞台中单击，此时会自动弹出"创建矩形"对话框，在弹出的对话框中输入宽度及高度参数，单击"确定"按钮后，工作舞台中央将自动创建出一个设定大小的矩形，如图 7-7 所示。

图 7-7　"创建矩形"对话框

### 2. 形状图层的填充

通常可以在形状图层绘制前或绘制完成后设置其填充效果。若形状图层已绘制完成，可以通过属性栏或自动弹出的"属性"面板更改形状图层的填充属性，图 7-8 所示为形状图层的"属性"面板。

单击属性栏中的"填充属性"按钮弹出填充类型下拉列表框，如图 7-9 所示。Photoshop 中的填充类型包括无、纯色、渐变和图案 4 种。选择下拉列表框中相应选项即可切换至相应的面板。

（a）纯色填充　　　　　（b）渐变填充　　　　　（c）图案填充

图 7-8　"属性"面板　　　　　　　　　　图 7-9　填充的类型

填充类型为纯色时，单击右侧的拾色器按钮可更改形状填充的颜色。此外，还可以在"图层"面板中双击形状图层的缩略图，在弹出的"拾色器（纯色）"对话框中更改形状的颜色。要注意，若填充类型为"无"，在弹出的对话框中选择颜色后无法对形状颜色进行更改。若填充类型为"渐变填充"或"图案填充"，双击缩略图后弹出的对话框相应发生变化。渐变填充与图案填充的设置方法与渐变工具、图案叠加的设置方法大致相同，如图 7-10 所示。

（a）纯色　　　　　　　（b）渐变　　　　　　　（c）图案

图 7-10　更改填充

### 3. 形状图层的描边

同样可以在形状图层绘制前或绘制后设置某描边属性，描边的类型与填充类型相同，包括无、纯色、渐变和图案 4 种类型。

（1）描边粗细。形状图层描边属性的单位为点，其参数值需在 0~288 点，在这一区间范围内，描边大小可以设置为整数或小数，如 0.2 点、2 点等。若设置的参数值不在该区间范围内，Photoshop 会自动弹出警告对话框，如图 7-11 所示。

（2）描边线段类型。描边类型与描边线段类型的作用不同。描边类型的作用是调整其色彩与纹理效果，描边线段类型的作用是调整线段的样式。形状图层的描边线段类型包括实线、虚线和点线等，如图 7-12 所示。

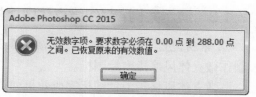

图 7-11　描边粗细区间警告对话框

（3）更多选项。单击"描边选项"下拉列表框中的"更多选项"按钮，可以在弹出的"描边"对话框中设置描边的对齐方式、端点类型和角点类型等属性，如图 7-13 所示。

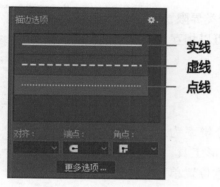

图 7-12　描边线段的类型

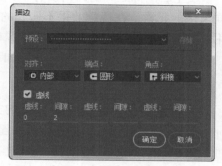

图 7-13　更多选项

（4）虚线属性。Photoshop 中的虚线属性包括"虚线"与"间隙"两个选项（注意，此处虚线属性与其子属性同名），如图 7-14 所示。"间隙"参数值相等的前提下，"虚线"参数值越大，描边的长度越长。"虚线"参数值相等的前提下，"间隙"参数值越大，两个描边之间的距离越远，如图 7-15 所示。

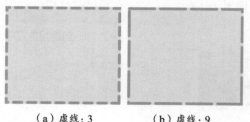

（a）虚线：3　　　（b）虚线：9

图 7-14　"虚线"属性的作用

（a）间隙：2　　　（b）间隙：8

图 7-15　"间隙"属性的作用

此外，"虚线"属性中共包含 3 组"虚线"与"间隙"属性。若在两个"虚线"属性下设置不同的参数值，那么形状图层上将出现两种长度的描边效果，如图 7-16 所示。若两个"间隙"参数值不同，那么描边上将出现两种距离，如图 7-17 所示。

图 7-16　两种虚线长度

图 7-17　两种间隙距离

### 7.1.3 演示案例：制作微立体风格指南针图标

【素材位置】素材 / 第 7 章 /01 演示案例 /01 演示案例：
制作微立体风格指南针图标。

微立体风格指南针图标完成效果如图 7-18 所示。

微立体风格的图标是通过简单的图层样式模拟实物
质感、纹理、厚度、体积的一种图标，其立体感介于拟
真风格图标与轻质感风格图标之间。这种风格的图标一
般添加"斜面和浮雕"图层样式模拟其立体感，通过渐
变模拟物体表面的光影变化。

事实上，图标之间的风格没有十分严苛的分类界限，
不同风格的元素，在视觉效果不违和的情况下可以相互
使用，本案例中的指南针元素像折纸风格。

微立体风格指南针图标制作步骤如下。

#### 1. 设置背景

（1）新建一个 1024px×1024px 的文档，分辨率为
72ppi，颜色模式为 RGB 颜色。切换至圆角矩形工具，
保证绘图模式为"形状"，然后在工作舞台任意位置单
击，在弹出的"创建圆角矩形"对话框中输入宽度、高
度及圆角半径参数值。设置宽高值均为 1024px，圆角半
径均为 160px，如图 7-19 所示。

（2）打开属性栏中的"填充属性"下拉列表框，将
填充类型设置为"渐变"，然后将渐变设置为"线性"
渐变，角度设置为 90°；然后为其添加"斜面和浮雕"
图层样式，效果如图 7-20 所示。

图 7-18　微立体风格指南针图标

图 7-19　创建圆角矩形

（a）填充

（b）"斜面和浮雕"

（c）效果

图 7-20　设置圆角矩形样式

（3）切换至椭圆工具，按住 Shift 键并拖曳鼠标，在圆角矩形中绘制一个圆。单击
选择属性栏中的"渐变"填充类型，将渐变类型设置为"线性渐变"，角度设置为 90°。
单击属性栏中的描边属性，将描边类型设置为"渐变"，描边粗细设置为 2 点，描边线

段类型设置为"实线",效果如图 7-21 所示。

（a）属性栏 （b）效果

图 7-21  设置圆的样式

### 2. 制作刻度

（1）选择"圆"图层,按 Ctrl+J 组合键对圆进行复制。然后按 Ctrl+T 组合键适当将圆缩小,并按 Enter 键提交变换。最后在属性栏中将复制的圆的填充类型设置为"无",描边类型设置为"褐色",描边粗细设置为"30 点",描边线段类型设置为"实线",效果如图 7-22 所示。

（a）属性栏 （b）效果

图 7-22  设置复制圆的样式

（2）切换至多边形工具,在工作舞台任意空白处单击,在弹出的"创建多边形"对话框中,将宽度和高度都设置为 300px,边数设置为"3",然后按 Ctrl+T 组合键,将三角形旋转 –90°,适当拉高三角形的高度。最后双击"图层"面板中三角形的缩略图,修改其颜色,效果如图 7-23 所示。

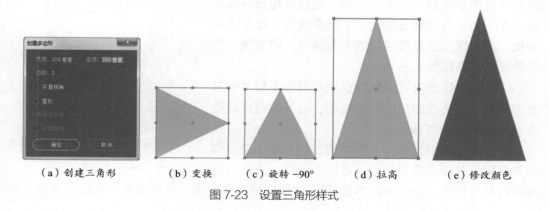

（a）创建三角形 （b）变换 （c）旋转 –90° （d）拉高 （e）修改颜色

图 7-23  设置三角形样式

（3）选择"三角形"图层，按 Ctrl+J 组合键对三角形进行复制。然后按 Ctrl+T 组合键，在工作舞台中单击鼠标右键，在弹出的快捷菜单中执行"垂直翻转"命令，适当调整两个三角形在图标中的位置。最后选中两个三角形，再次对两个三角形进行复制，并将它们旋转 90°，效果如图 7-24 所示。

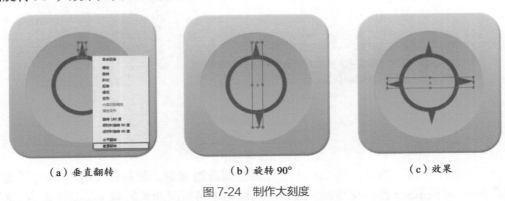

（a）垂直翻转　　　　　　（b）旋转 90°　　　　　　（c）效果

图 7-24　制作大刻度

（4）选择任意一个三角形，按 Ctrl+T 组合键适当缩小三角形，然后将三角形旋转 −45°，通过复制、旋转等操作，制作出右下角的小刻度，效果如图 7-25 所示。

（a）缩小　　　　　　（b）旋转 −45°　　　　　　（c）效果

图 7-25　制作小刻度

### 3．制作指南针

（1）切换至多边形工具，先绘制出一个三角形，然后为该图层添加一个图层蒙版。切换至矩形选框工具，在三角形右半部分绘制一个矩形选区，选中图层蒙版，将选区内的蒙版区域填充为黑色，将右侧三角形隐藏，效果如图 7-26 所示。

（2）选中添加图层蒙版的直角三角形图层，将其水平翻转。双击该图层前的缩略图，对其颜色进行更改，效果如图 7-27 所示。

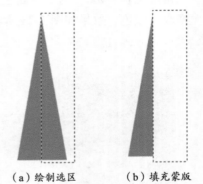

（a）绘制选区　　（b）填充蒙版

图 7-26　制作直角三角形

（3）选中两个直角三角形图层，按 Ctrl+J 组合键将其复制，并将其垂直翻转。适当调整两个直角三角形的颜色及位置，效果如图 7-28 所示。最后将 4 个直角三角形成组，在组上添加投影图层样式并将其旋转 45°，最终效果如图 7-18 所示。

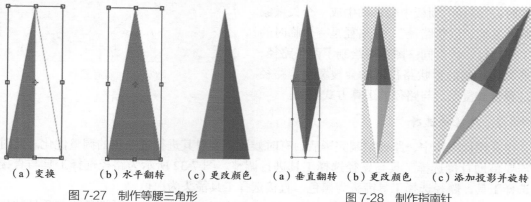

| （a）变换 | （b）水平翻转 | （c）更改颜色 | （a）垂直翻转 | （b）更改颜色 | （c）添加投影并旋转 |

图 7-27　制作等腰三角形　　　　　　　　　图 7-28　制作指南针

## 7.2　路径的编辑

### 7.2.1　路径的基本操作

#### 1. 路径的创建

"路径"面板主要用于保存和管理路径，图 7-29 所示为"路径"面板。"路径"面板中有 3 种类型的路径：路径、工作路径和矢量蒙版。3 种类型的路径源于 3 种不同的创建方式。

（1）路径。单击"路径"面板下方的"创建新路径"按钮，"路径"面板中会自动创建一个空白的路径图层。选中该图层，使用钢笔工具在工作舞台中绘制任意形态的路径，该图层会完整记录路径的外形轮廓，如图 7-30 所示。

（2）工作路径。为了避免形状路径丢失，在修图时，可以先将形状路径进行保存。双击该路径图层，然后在弹出的"存储路径"对话框中输入路径名称，将路径进行保存，如图 7-31 所示，保存后的路径就成为了工作路径，可以记录设计工作的过程。

（3）矢量蒙版。使用钢笔工

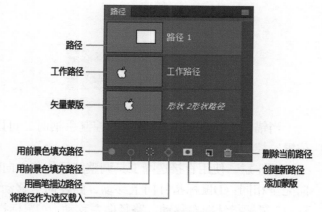

图 7-29　路径的类型

| （a）创建空白路径图层 | （b）绘制路径 |

图 7-30　路径

具或形状工具直接在工作区域中绘制矢量图像时，"路径"面板中会自动生成一个矢量蒙版，又称"形状路径"。该路径是一个临时的工作路径，若在同一图像中绘制了两条路径，那么先绘制的形状路径可能会被覆盖。路径是否会被覆盖，与路径的运算方式有关。

图 7-31　保存路径

### 2. 路径的选择

在设计工作中，路径绘制完毕后，有时候还需要对其进行进一步的调整优化。此时需要借助直接选择工具与路径选择工具进行调整。图 7-32 所示为路径选择工具与直接选择工具，路径选择工具箭头为黑色，直接选择工具箭头为白色。

（1）直接选择工具选择路径。直接选择工具可以起到选择锚点并调整控制手柄的作用。锚点被选中的状态为黑色实心正方形，锚点未被选中状态为空心正方形，如图 7-33 所示。使用直接选择工具选择锚点的方式有两种：①使用直接选择工具在锚点上单击；②使用直接选择工具框选锚点，此时可以选择一个或多个锚点，可以对选中后的锚点进行删除、移动等操作。

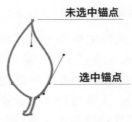

图 7-32　路径选择工具与直接选择工具　　图 7-33　锚点的状态

当锚点上出现图 7-33 所示的控制手柄时，可以使用直接选择工具调整控制手柄的位置，控制路径的偏移方向。

要注意，使用直接选择工具调整路径偏移方向时，鼠标指针移动方向与路径偏移方向完全相同：①鼠标指针向上移动，路径向上移动；②鼠标指针向下移动，路径向下移动；③鼠标指针向左移动，路径向左移动；④鼠标指针向右移动，路径向右移动。

（2）路径选择工具选择路径。路径选择工具相对于直接选择工具而言，作用相对单一，主要是一次性选择整条路径。切换至路径选择工具，单击其中一个锚点，那么整条路径上的所有锚点将一起被选中。在钢笔工具状态下，按住 Ctrl+Alt 组合键，可将钢笔工具临时切换至路径选择工具。

使用路径选择工具与直接选择工具时，还要注意区分二者与移动工具的区别，二者选择的对象仅为锚点，而移动工具选择的对象是图层。

### 3. 路径的复制

可以通过以下 3 种途径对路径进行复制：移动复制、新建复制和粘贴复制。

（1）移动复制。切换至路径选择工具，选择整条路径，然后按住 Alt 键，当鼠标指针变成时，移动路径可实现对路径的复制。

（2）新建复制。在"路径"面板中选择需要复制的路径，将其拖曳到"路径"面板下方的"创建新路径"按钮 上，即可实现对路径的复制。通过该方式复制路径，路径将原位粘贴，与原路径重叠。

（3）粘贴复制。先使用路径选择工具选择路径，然后按 Ctrl+C 组合键对路径进行复制，接着选择需要粘贴的图层，按 Ctrl+V 组合键粘贴路径。通过该方式可以将两段路径放置在同一路径图层中，如图 7-34 所示。

（a）复制"路径 2"　　　　　（b）粘贴到"路径 1"

图 7-34　复制并粘贴路径

## 7.2.2　路径的运算方法

在实际工作中，有时需要对两条及两条以上的路径进行运算操作，以获得更为多变与自由的路径形态。

路径的运算方式与选区的运算方式大体相似，图 7-35 所示为路径的运算方式，单击属性栏中的"路径操作"按钮，可在弹出的下拉列表框中选择路径的运算方式。

（1）新建图层。选择该选项可以创建新的路径图层，此时"路径"面板中只有一条路径，不存在路径之间的相互运算。每次创建新的路径后，将自动创建新的形状路径，将路径放置在不同的路径图层中。

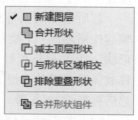

图 7-35　路径的运算方式

（2）合并形状。"合并形状"选项与选区运算中的"添加到选区"选项作用相似，需要合并形状时，可以在绘制完一个路径后，再选择"合并形状"选项或按住 Shift 键，然后继续绘制其他路径，如图 7-36 所示。

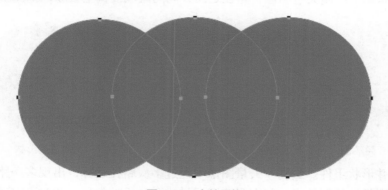

图 7-36　合并形状

使用路径运算方式绘制路径时，除"新建图层"选项以外，在其他选项下绘制的所有路径会自动出现在同一路径图层中。同样，在"图层"面板中，所有外形轮廓均出现在同一图层中，如图 7-37 所示。

（3）减去顶层形状。"减去顶层形状"选项与选区运算中的"从选区减去"选项作用相似，在该状态下绘制矢量图像，后绘制的图像会减去先绘制图像重叠的部分，如图 7-38 所示。

（a）"路径"面板　　　　　（b）"图层"面板

图 7-37　多路径共存于同一图层

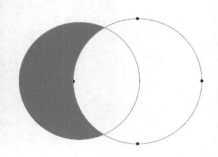

图 7-38　减去顶层形状

需要减去顶层形状时，可以在绘制完一个路径后，再选择"减去顶层形状"选项或按住 Alt 键，然后继续绘制其他路径。

若后绘制的矢量路径为圆或正方形，还需要按住 Shift 键。但要注意鼠标的操作步骤与按键顺序：①绘制完第一条路径后，按一下 Alt 键可将运算方式切换至"减去顶层形状"；②当鼠标指针变成时，可在工作舞台中绘制一个矩形路径或椭圆路径；③在未释放鼠标左键的前提下，按住 Shift 键，直至绘制完圆或正方形的路径，先释放鼠标左键，然后再释放 Shift 键。

（4）与形状区域相交。"与形状区域相交"选项与选区运算中的"与选区相交"选项作用相似，在该状态下绘制矢量图像，最终只保留路径之间共同的区域，如图 7-39 所示。

（5）排除重叠形状。"排除重叠形状"选项的作用和"与形状区域相交"选项刚好相反，在该状态下绘制矢量图像，路径之间共同的区域被掏空去除，如图 7-40 所示。

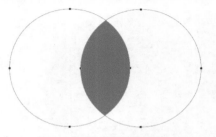
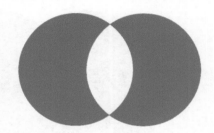

图 7-39　与形状区域相交

图 7-40　排除重叠形状

（6）合并形状组件。当同一矢量图像中经过多次路径运算，出现多条路径时，有时会干扰观察图像的外形轮廓，甚至影响图层样式添加后的效果。此时可以通过"合并形状组件"选项删除多余的路径，将图像的路径整合为一个整体。文字的笔画由矩形组成，合并形状组件后，所有矩形成为一个统一的整体，如图 7-41 和图 7-42 所示。

图 7-41　合并前

图 7-42　合并后

### 7.2.3　演示案例：制作轻质感风格猫爪铃铛启动图标

【素材位置】素材 / 第 7 章 /02 演示案例：制作轻质感风格猫爪铃铛启动图标。

轻质感风格猫爪铃铛启动图标制作完成效果如图 7-43 所示。

演示案例：使用形状工具制作
安卓 App 猫爪铃铛启动图标

图 7-43　轻质感风格猫爪铃铛启动图标

轻质感风格猫爪铃铛启动图标制作步骤如下。

#### 1. 制作猫爪

（1）新建一个 512px × 512px 的文档，分辨率为 72ppi，颜色模式为 RGB 颜色。切换至圆角矩形工具，新建一个宽度和高度都为 512px、圆角半径均为 60px 的橙色圆角矩形，效果如图 7-44 所示。

（2）切换至矩形工具，绘制一个粉色的矩形，并将矩形旋转 30°。切换至椭圆工具，按住 Shift 键绘制一个粉色圆作为猫的

（a）圆角矩形参数　　　　（b）效果

图 7-44　绘制背景

脚趾。选中刚才绘制的圆，将路径操作属性设置为"合并形状"，继续绘制其余 3 个圆，效果如图 7-45 所示。

（3）使用椭圆工具分别绘制猫爪上的肉垫，选择所有图层将其成组并命名为"猫爪"，完成效果如图 7-46 所示。

（a）绘制矩形

（b）绘制圆

（c）合并形状状态下
绘制其余的圆

图 7-45　绘制猫爪

图 7-46　绘制肉垫

### 2．制作铃铛

（1）使用椭圆工具绘制一个黄色的圆作为铃铛主体，为铃铛添加"描边"图层样式，适当降低描边的不透明度，效果如图 7-47 所示。

（a）绘制圆

（b）设置描边参数

（c）描边效果

图 7-47　绘制铃铛

（2）使用椭圆工具绘制一个明黄色的圆作为铃铛的亮面，将该圆与铃铛主体一起建立剪贴蒙版。继续使用椭圆工具绘制一个描边圆，同样将其与铃铛主体建立剪贴蒙版，效果如图 7-48 所示。

（3）使用椭圆工具绘制铃铛吊坠的接口，并设置为棕色填充效果。使用椭圆工具绘制铃铛的挂绳，并设置为棕色描边效果。切换至矩形工具，选中描边圆，将路径操作切换至"减去顶层形状"，绘制一个矩形减去圆的右半部分。将填充圆与描边圆成组并为其添加"描边"图层样式，效果如图 7-49 所示。

（a）填充圆

（b）描边圆

图 7-48　绘制亮面

（a）绘制接口

（b）绘制挂绳

（c）添加描边

图 7-49　绘制吊坠

（4）新建一个空白图层，切换至画笔工具，使用硬角边缘画笔绘制出铃铛上的高光，制作完成效果如图 7-43 所示。

## 7.3　钢笔工具的应用

钢笔工具

钢笔工具是最为灵活的矢量工具之一，使用钢笔工具可以绘制出各种自由形态的路径。在 UI 设计工作中，钢笔工具还往往被应用于图形绘制、抠图等工作中。

钢笔工具能抠取背景较为复杂的素材，且抠图质量相对较高，所以钢笔工具在抠图工作中的应用频率非常高。在抠取卢浮宫前的金字塔时，使用快速选择工具难以确定选区的边缘，且抠图后图像的边缘锯齿十分严重，部分边缘出现残缺的现象，如图 7-50 所示。使用钢笔工具抠图，可以灵活控制选区的边缘，抠图后图像边缘清晰无锯齿，如图 7-51 所示。

但是钢笔工具相对于魔棒工具和快速选择工具而言，操作智能性相对较差。读者需要更充分地调动自己的主观能动性，在抠取不同图像场景中的素材时合理选用工具。

（a）难以确定选区

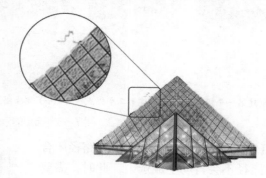

（b）图像边缘锯齿严重

图 7-50　快速选择工具抠图

（a）灵活确定选区边缘

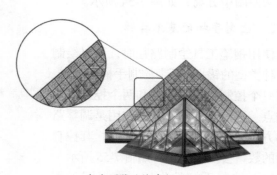

（b）图像边缘清晰无锯齿

图 7-51　钢笔工具抠图

### 7.3.1　钢笔工具的基本操作

按快捷键 P 键，可快速切换至钢笔工具。图 7-52 所示为钢笔工具箱，包括钢笔工具、自由钢笔工具、添加锚点工具、删除锚点工具和转换点工具。其中，钢笔工具的使用频率相对较高，自由钢笔工具使用较少，添加锚点工具、删除锚点工具与转换点工具是钢笔工具的辅助工具，所以这 3 个工具没有属性栏。

### 1. 锚点的添加与删除

（1）路径的绘制。用钢笔工具抠图，需要先绘制一条路径，以路径作为选区的边缘，如图 7-53 所示：①当鼠标指针形状为 时，单击即可在图像中添加锚点；②拖曳鼠标指针位置，当鼠标指针形状变为 时，单击即可添加第二个锚点；③此时，若将鼠标指针拖曳到路径中某个控制点上，鼠标指针形状变成 时，单击即可将已添加的锚点删除；④将鼠标指针拖曳到路径上，鼠标指针形状变成 时，单击即可在路径上添加锚点；⑤将鼠标指针拖曳到第一个锚点上，鼠标指针形状变成 时，单击即可将路径进行闭合。

（a）创建第一个锚点　（b）创建第二个锚点　（c）删除锚点　（d）添加锚点　（e）闭合路径

图 7-53　锚点的添加与删除

（2）将路径转换成选区。当路径闭合后，路径不会自动生成选区，此时，需要按 Ctrl+Enter 组合键，将路径转换为选区。然后选中图层，按 Ctrl+J 组合键，将相机素材从原图中分离，如图 7-54 所示。

### 2. 控制手柄的基本操作

使用钢笔工具绘制路径时，可以绘制出 3 种类型的锚点：不带控制手柄的锚点、只有一个控制手柄的锚点和两个控制手柄的锚点。锚点上控制手柄的作用是调整路径的方向，锚点之间相互转换时，其控制手柄的数量会发生变化，如图 7-55 所示。

（a）载入选区　　　（b）与背景分离

图 7-54　将路径转换成选区

图 7-55　锚点的控制手柄数量

（1）控制手柄的作用。在抠图工作中，图像不只有尖锐的拐角，还有许多平滑的倒角。如果图像素材本身只有尖锐的拐角，使用多边形套索工具进行抠取即可，钢笔工具的优势在于抠取具有平滑倒角的素材。

使用钢笔工具抠取具有平滑倒角的素材时，需要对锚点进行转换，使路径从直线变成平滑的抛物线。Photoshop 中的转换点工具，可以在使用钢笔工具绘制路径的过程中调整路径偏移方向，使其弧度更圆滑，如图 7-56 所示。

钢笔工具　　　　P
自由钢笔工具　　P
添加锚点工具
删除锚点工具
转换点工具

图 7-52　钢笔工具箱

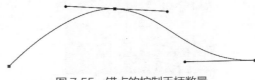

图 7-56　使用转换点工具调整路径弧度

（2）控制手柄的操作。使用钢笔工具抠取边缘圆滑的飞镖时，先添加第一个锚点，在添加第二个锚点时按住鼠标左键，向下拖曳鼠标指针以获得两个控制手柄，如图 7-57 所示。①当锚点上存在两个控制手柄时，添加下一个锚点并调整路径方向时，路径的方向变得难以控制。此时，可以先收起其中一个控制手柄，然后再添加下一个锚点。②当控制手柄被收起后，如果要再次将控制手柄拖曳出来，需要切换至转换点工具，将鼠标指针拖曳至锚点上，按住鼠标左键并改变鼠标指针的位置，即可将控制手柄再次拖曳出来。

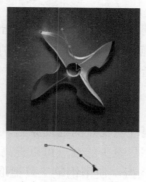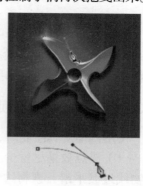

（a）添加第二个锚点　　　　　（b）向下拖曳鼠标指针　　　　　（c）收起控制手柄

图 7-57　锚点转换的基本操作

（3）控制手柄移动方向与路径偏移方向的关系。要注意，在钢笔工具状态下拖曳控制手柄时，控制手柄的移动方向与路径偏移的方向恰好相反：①鼠标指针向下移动，控制手柄向下移动，但是路径向上偏移；②鼠标指针向上移动，控制手柄向上移动，但是路径向下偏移；③鼠标指针向左移动，控制手柄向左移动，但是路径向右偏移；④鼠标指针向右移动，控制手柄向右移动，但是路径向左偏移。

### 3. 钢笔工具与其他工具的切换

（1）钢笔工具与转换点工具的切换。收起控制手柄时，需要借助转换点工具，此时可以在工具箱中将工具切换至转换点工具 。但是这种切换方式的效率较低，还可以在钢笔工具状态下，按住 Alt 键，将钢笔工具临时切换至转换点工具。

要注意，临时切换不代表切换，事实上，工具依然处于钢笔工具状态下，释放 Alt 键后，工具将自动切换回钢笔工具。当钢笔工具临时切换至转换点工具后，在锚点上单击，即可将当前锚点的控制手柄收起。收起控制手柄后，释放 Alt 键，工具依然处于钢笔工具状态。

（2）钢笔工具与直接选择工具的切换。使用钢笔工具抠取斧子素材，拖曳控制手柄并释放鼠标左键后，路径弧度与斧子边缘并未贴合，如图 7-58 所示。此时可以将工具切换至直接选择工具，或在钢笔工具状态下，按住 Ctrl 键，将工具临时切换至直接选择工具。使用直接选择工具拖曳控制手柄的一端，改变鼠标指针的位置，使路径弧度与斧子边缘对齐。

(a) 未贴合　　　　　　(b) 切换至直接选择工具　　　　　(c) 向下拖曳控制手柄

图 7-58　调整路径的弧度

要注意使用直接选择工具调整控制手柄时，鼠标指针的移动方向与路径偏移方向的关系，这与在钢笔工具状态下拖曳控制手柄时有所区别：此时控制手柄的移动方向与路径偏移方向完全相同，如鼠标指针向上移动时，控制手柄向上移动，路径向上偏移。

## 7.3.2　锚点的处理原则

使用钢笔工具绘制时，需要注意锚点的处理原则。

（1）锚点数量尽量少。使用尽量少的锚点可以提高工作效率，更重要的是可以保证抛物线过渡平滑，素材边缘无锯齿。使用钢笔工具抠取武器素材时，同一条抛物线上，只在抛物线的两端各添加一个锚点，这样可以将锚点数量控制在最少，如图 7-59 所示。

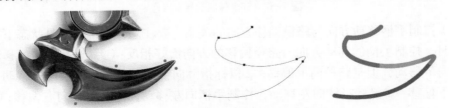

图 7- 59　锚点数量的控制

（2）控制手柄尽量保留。保留控制手柄并不是为了方便调整路径方向，事实上，Photoshop 中提供了随时收起或拖曳出控制手柄的简易方法。保留控制手柄的原因在于：为同一条抛物线边缘添加锚点时，收起控制手柄的锚点，其控制的边缘会变成一个尖锐的拐角，如图 7-60 所示。这是指在同一条抛物线上尽量保留控制手柄，如果素材本身就是一个尖锐拐角，则需要收起控制手柄。

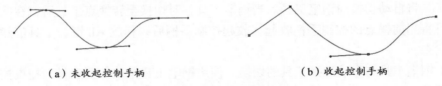

(a) 未收起控制手柄　　　　　　　　　　　　(b) 收起控制手柄

图 7-60　控制手柄

### 7.3.3　演示案例：制作游戏 App 商城界面

【素材位置】素材 / 第 7 章 /03 演示案例：制作游戏 App 商城界面。

游戏 App 商城界面制作完成效果如图 7-61 所示。

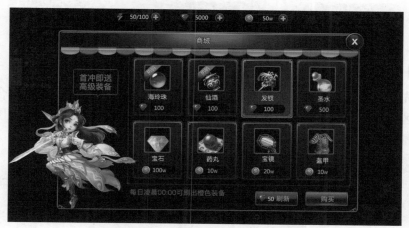

图 7-61　游戏 App 商城界面

　　界面中的游戏图标、人物角色、商城面板、界面背景为素材资源，不必绘制，直接执行抠图处理即可。本案例对于素材精度的要求较高，所以需要使用钢笔工具对界面中的商品图标、人物角色和财富系统图标进行抠图，以保证素材边缘无锯齿。

　　一般情况下，使用钢笔工具抠取复杂的图像时，将画布比例放大至 200%～300%，可以将细节显示得更为细致。由于路径较为烦琐，难免出现断裂的现象，此时可以使用直接选择工具先选中锚点，然后再勾勒路径。

　　游戏 App 商城界面制作步骤如下。

### 1. 制作界面背景

　　（1）新建一个 1280px × 720px 的文档，分辨率为 72ppi，颜色模式为 RGB 颜色。导入背景图片。新建一个空白图层，将前景色设置为黑色，按 Alt+Delete 组合键将空白图层填充为黑色，将图层不透明度设置为 80%，效果如图 7-62 所示。

图 7-62　界面背景

（2）使用钢笔工具对能量、钻石及金币数量 3 个财富系统的图标进行抠图，抠图时尽量向内收缩 1 个像素，避免抠好的素材边缘出现白边现象，效果如图 7-63 所示。然后将财富系统图标置于商城顶部。

图 7-63　抠取财富系统图标

## 2. 制作人物角色

（1）先使用钢笔工具在人物边缘勾勒出路径轮廓，然后按 Ctrl+Enter 组合键，将路径载入选区，再按 Delete 键，将灰色区域删除。同理使用钢笔工具勾勒未抠图区域，载入选区并删除，制作过程如图 7-64 所示。

　（a）建立路径轮廓　　　（b）未抠图区域　　　（c）载入选区　　　（d）效果

图 7-64　人物抠图

（2）将人物角色置入商城界面，进行水平翻转，按住 Ctrl 键，再选中人物图层，单击人物图层的缩略图，将人物载入选区。释放 Ctrl 键，按 Shift+F6 组合键调出"羽化选区"对话框，设置羽化参数为 20px。新建一个空白图层，使用黑色对空白图层进行填充以获得人物的投影，效果如图 7-65 所示。

　　　　（a）阴影　　　　　　　　　　　　　（b）效果

图 7-65　制作人物阴影

## 3. 制作商品图标

（1）使用钢笔工具对商城中的图标进行抠图处理，效果如图 7-66 所示。

（2）将所有抠图后的商品图标置入商城界面，使用矩形工具分别绘制商品的背景，然后将背景与商品一起建立剪贴蒙版，并输入相应的商品名称，效果如图 7-67 所示，最终效果如图 7-61 所示。

图 7-66　商品图标抠图

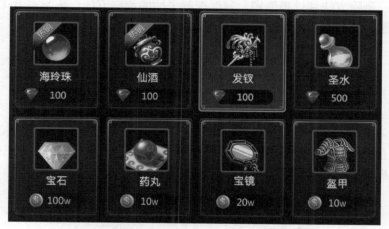

图 7-67　商品图标

## 课堂练习：制作扁平风格信封图标

【素材位置】素材 / 第 7 章 /04 课堂练习：制作扁平风格信封图标。

运用本章所介绍的形状图层来制作扁平风格的信封图标，使用直接选择工具对形状图层的外形轮廓进行调整，制作出信封中的直角三角形。使用"斜切"命令将矩形制作成平行四边形，完成效果如图 7-68 所示。

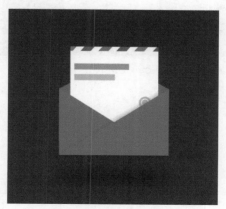

图 7-68　扁平风格信封图标

## 本章小结

本章围绕矢量工具在 UI 设计中的应用，详细讲解了矢量、路径、锚点等基本概念，读者需要在熟悉"路径"面板的基础上，掌握路径的创建、选择和复制等基本操作。通过实际操作，深入掌握路径的运算方法。

常用形状工具的应用是本章的重点，读者需要熟悉路径、形状和像素 3 种绘图模式，掌握形状工具的创建方法、填充和描边属性。

钢笔工具是 UI 设计工作中应用较为广泛的矢量工具，设计师需要熟悉钢笔工具下锚点的添加、删除方法和处理原则。掌握控制手柄的调整方法，熟悉钢笔工具与转换点工具、直接选择工具之间的转换方法。

## 课后练习：制作艺术殿堂引导页

【素材位置】素材 / 第 7 章 /05 课后练习：制作艺术殿堂引导页。

综合运用本章所介绍的形状工具、钢笔工具，利用路径选择工具与直接选择工具适当调整路径的形态，制作艺术殿堂引导页，效果如图 7-69 所示。读者制作的临摹效果可以与素材提供的效果在配色、大小等方面有所差异。

图 7-69　艺术殿堂引导页

第 8 章

# 滤镜在 UI 设计中的应用

## 【本章目标】

○ 了解滤镜的基本原理、分类方式和用途等理论知识，了解智能滤镜与普通滤镜的区别。

○ 熟悉滤镜的使用规则，掌握滤镜的添加、删除、复制等基本操作。

○ 熟悉常用的滤镜：画笔描边、素描、纹理和艺术效果等。

○ 掌握 Photoshop 中常用的滤镜组：风格化、扭曲、模糊、锐化等，灵活运用滤镜组对 UI 设计作品的图像效果进行艺术化加工处理。

## 【本章简介】

在 UI 设计中，有时候需要对图像进行艺术化加工处理，以快速获得惊艳的视觉效果，如素描、油画、水彩等绘画效果。使用 Photoshop 滤镜库中的"干画笔"滤镜，可以快速将摄影图片处理成油画的效果，如图 8-1 所示。

滤镜作为 Photoshop 中艺术加工处理的"利器"，既能制作神奇的画面特效，又能大幅度提高设计效率。滤镜在图像编辑中被广泛应用，本章内容将围绕滤镜在 UI 设计中的应用，详细讲解滤镜的原理、分类等理论知识，同时结合实际案例，重点讲解 UI 设计中常用的滤镜。

（a）原图

（b）油画效果

图 8-1　滤镜的作用

## 8.1 滤镜概述

### 8.1.1 滤镜的基本原理

#### 1. 摄影中的滤镜

滤镜是摄影领域常用的器材，如图 8-2 所示。摄影师可以将滤镜安装在照相机的镜头前，从而改变照片最终的成像效果。摄影用的滤镜种类非常多，如渐变镜、柔光镜、偏光镜、偏振镜、UV 镜等。

（a）摄影滤镜　　　　　　　　（b）不同类型的渐变镜

课程目标、滤镜的原理与使用方法

图 8-2　摄影中的滤镜

不同的滤镜具有不同的用途，图 8-3 所示为添加渐变镜前后拍摄的图片效果。渐变镜能控制照相机镜头的入光量，让镜头上半部分入光量减少，避免天空出现发白、发灰等现象。

（a）使用滤镜前　　　　　　　　（b）使用滤镜后

图 8-3　渐变镜的作用

#### 2. Photoshop 中的滤镜

（1）Photoshop 滤镜的原理。Photoshop 滤镜与摄影中的滤镜相似，都能够制作特殊的图像效果。Photoshop 是一款位图软件，即 Photoshop 中的图像由像素组成，Photoshop 滤镜主要通过改变图像中像素的位置、颜色等信息来生成特殊的视觉效果。

为图像添加染色玻璃滤镜后，花蕊处的颜色和像素位置发生了变化，与花蕊相邻处出现了黑色的像素，原图的像素被分割，从而形成有染色玻璃效果的六边形图案，如图 8-4 所示。

（a）原图　　　　　　　　　　　　　　（b）添加染色玻璃滤镜

图 8-4　滤镜的原理

（2）Photoshop 滤镜的分类。根据滤镜与 Photoshop 之间的关系、滤镜对图像造成的影响、滤镜加工图像后的艺术效果等，可以把常用滤镜分为以下类别。

①根据滤镜与 Photoshop 之间的关系，可以将滤镜划分为内置滤镜与外挂滤镜两大类。内置滤镜是由 Photoshop 开发者提供的各种滤镜，安装 Photoshop 后可以在滤镜菜单中看到所有的内置滤镜。外挂滤镜是由其他厂商开发的滤镜插件，需要安装在 Photoshop 中才能使用。如 Mediachance 公司推出的 DCE Tools for Photoshop Plugin，包含了 CCD 噪点修复、人像磨皮、曝光补偿等 7 个插件。

②根据滤镜对图像造成的影响，可以将滤镜分为普通滤镜与智能滤镜两大类。普通滤镜作用于像素图层上，通过修改图像中的像素来生成效果，是一种破坏性的编辑方式。智能滤镜作用于智能对象上，在记录图像原始数据的基础上对图像进行编辑，是一种可逆的、非破坏性的编辑方式。

分别对像素图层与智能对象添加相同的滤镜，如图 8-5 所示。普通滤镜修改图像信息后不保留编辑痕迹，无法进行二次编辑。智能滤镜上包含一个类似于图层演示的列表，列表显示了图像中应用的滤镜名称，只要单击智能滤镜前的眼睛图标，就可以隐藏或显示滤镜的效果。

图 8-5　普通滤镜与智能滤镜

在滤镜名称列表上方，还有一个滤镜蒙版。可以根据设计需要，使用滤镜蒙版处理滤镜效果，使其过渡更为自然。滤镜蒙版的操作方式与图层蒙版相同，使用黑色柔角边缘画笔在滤镜蒙版上涂抹，画笔涂抹的区域高斯模糊滤镜失效，高斯模糊滤镜仅对滤镜蒙版中的白色区域，即远山及白云产生模糊效果，如图 8-6 所示。

此外还可以在滤镜蒙版上单击鼠标右键，在弹出的快捷菜单中执行"停用滤镜蒙版"或"删除滤镜蒙版"命令，此时整个画面都将出现模糊的现象，如图 8-7 所示。

（a）原图

（b）滤镜蒙版

（c）效果

图 8-6　滤镜蒙版的作用

（a）滤镜蒙版

（b）效果

图 8-7　停用滤镜蒙版

　　应用智能滤镜时要注意两点。首先，在智能对象上添加智能滤镜后，再次对智能对象进行自由变换时，如缩放智能对象时，智能滤镜会在自由变换时临时关闭滤镜效果。系统会自动弹出弹窗，如图 8-8 所示。其次，由于智能滤镜保留了原始的图像数据，会占用较多的磁盘资源，所以在明确不需要保留过程文件的前提下，可以对部分智能对象进行栅格化处理。

　　③根据滤镜加工图像后的艺术效果，可以将滤镜分为模糊滤镜、扭曲滤镜、锐化滤镜、像素化滤镜、渲染滤镜、杂色滤镜等。图 8-9 所示为 Photoshop 中的滤镜菜单，Photoshop 根据滤镜的艺术作用效果对其进行了分类。

图 8-8　临时关闭智能滤镜　　　　　　　　　　图 8-9　滤镜菜单

## 8.1.2　滤镜的基本操作

要给图像添加滤镜，可以在"图层"面板中选择相应的图层，然后通过菜单栏中的"滤镜"菜单选择相应的滤镜，并将滤镜作用于图层上。

可以在弹出的滤镜对话框中设置滤镜的参数，也可以双击"图层"面板中滤镜的名称，在弹出的滤镜对话框中对滤镜参数进行二次编辑。由于普通滤镜不可以进行二次编辑，所以下面主要针对智能滤镜进行讲解。

### 1．滤镜的复制与删除

（1）滤镜的复制。将鼠标指针移至滤镜名称附近，当鼠标指针变成▦时，按住Alt键，将滤镜拖曳至其他图层后释放鼠标左键及 Alt 键，即可将滤镜复制至其他图层。

若需要将某个图层上所有的滤镜同时复制至其他图层，可以将鼠标指针移至图层名称右侧的▦图标上，当鼠标指针变成▦时，按住 Alt 键将图标拖曳至其他图层即可。若拖曳图标时没有按住 Alt 键，滤镜将从当前图层被剪切粘贴至其他图层。

（2）滤镜的删除。将鼠标指针移至滤镜名称上，将滤镜拖曳至"图层"面板下方的删除按钮上即可。

如果要删除应用于智能对象上的所有智能滤镜，可以选中该智能对象，然后执行菜单栏中的"图层"→"智能滤镜"→"清除智能滤镜"命令。

### 2．滤镜的应用规则

在应用滤镜时，需要熟悉滤镜的应用规则，避免出现应用滤镜后无效果或效果错乱等现象。

（1）滤镜不能单独存在，必须添加至指定的图层，由图层承接滤镜的效果。应用滤镜时，图层前的眼睛图标必须处于开启状态，关闭眼睛图标的图层无法添加滤镜。

（2）如果为图层添加滤镜时图层中存在选区，滤镜添加后，其效果只作用于图层的选区范围内，对选区以外的范围不起作用，如图 8-10 所示。

（a）原图　　　　　　（b）图层中有选区　　　　　（c）效果

图 8-10　选区中应用滤镜

（3）除"云彩"滤镜以外，所有滤镜都需要应用在有像素的图像区域上，否则"滤镜"菜单中的滤镜为灰色状态，无法应用。

（4）若"滤镜"菜单中的部分滤镜显示为灰色，则表示当前图层不能应用该滤镜。通常情况下，这是图像的颜色模式造成的。RGB 颜色模式的图像可以应用绝大多数滤镜，CMYK 颜色模式的图像可能受到限制，可以通过执行菜单栏中的"图像"→"模式"→"RGB 颜色"命令，将图像的颜色模式进行转换后再应用滤镜。

### 8.1.3 演示案例：制作运动类广告页

【素材位置】素材 / 第 8 章 /01 演示案例：制作运动类广告页。

运动类广告页完成效果如图 8-11 所示。

图 8-11 运动类广告页

运动类广告页制作步骤如下。

#### 1. 制作背景

（1）新建一个 720px×1280px 的文档，分辨率为 72ppi，颜色模式为 RGB 颜色。置入云彩素材，适当调整其大小与旋转角度。为其添加图层蒙版，使用黑色柔角边缘画笔在云彩以下的区域涂抹，仅保留天空与云彩素材，效果如图 8-12 所示。

（2）置入模特素材，适当调整其大小与旋转角度，使模特、远山稍微有一定的倾斜角度，增强画面的动感。为图层添加图层蒙版，抹去"模特"图层的天空区域，使之与下方的"云彩"图层融合，效果如图 8-13 所示。

图 8-12　置入云彩素材　　　　　　　　　　　　　　图 8-13　置入模特素材

## 2. 制作动感效果

（1）将"模特"图层复制一份，选择复制后的图层，按 Ctrl+Shift+[ 组合键将该图层置于"图层"面板的顶部，然后执行菜单栏中的"滤镜"→"模糊"→"动感模糊"命令，为图层添加动感模糊滤镜。在弹出的"动感模糊"对话框中将动感模糊的角度参数设置为 0°，距离为 72 像素，效果如图 8-14 所示。

（2）使用黑色柔角边缘画笔在滤镜蒙版上涂抹，擦除远山、树木和河流区域的模糊效果，仅保留模特身后区域的模糊效果，保证人物脸部清晰，效果如图 8-15 所示。

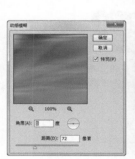   

图 8-14　添加动感模糊滤镜　　　　　　　　　　　　图 8-15　涂抹滤镜蒙版

## 3. 制作标题

（1）使用文字工具输入主标题"疾风跑者飞翔之道"与副标题"全店满 199 减 30 下单即送运费险"。按 Ctrl+T 组合键对文字进行自由变换，在文字上单击鼠标右键，在弹出的快捷菜单中执行"斜切"命令，拖曳定界框右上角的控制点，将文字适当倾斜，效果如图 8-16 所示。

（2）将主标题成组，并在组上添加"斜面和浮雕""描边"图层样式。设置斜面和浮雕样式为"描边浮雕"，适当增大"软化"参数值。设置描边位置为"外部"，大小为 10px，颜色为（H:69，S:18，B:30）。效果如图 8-17 所示。

（a）斜切文字

（b）效果

图 8-16　制作倾斜标题

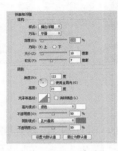
（a）"斜面和浮雕"

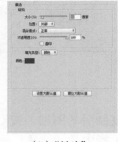
（b）"描边"

（c）效果

图 8-17　添加第一层描边

（3）将主标题再次成组，并在组上添加"描边""投影"图层样式。设置描边位置为"外部"，大小为 13px，颜色为（H:69，S:20，B:24），要注意与前面添加的"描边"图层样式拉开颜色与大小之间的层次。投影距离需要适当增大，不透明度需要适当降低，效果如图 8-18 所示。

（a）"描边"

（b）"投影"

（c）效果

图 8-18　添加第二层描边

（4）副标题的图层样式与主标题相同。最后，在两个副标题之间绘制一个椭圆，补齐中间的空隙，并适当调整标题位置，效果如图 8-19 所示。

（a）添加描边

（b）补齐空隙

图 8-19　完善副标题

#### 4. 完善细节

（1）使用矩形工具在文档底部绘制一个白色矩形，置入启动图标与文字素材。使用圆角矩形工具在文档右上角绘制一个浅黄色圆角矩形按钮，输入按钮文字"跳过"，效果如图 8-20 所示。

图 8-20　完善整体细节

（2）将所有图层成组，并在"图层"面板中新建一个"色相 / 饱和度"调整图层，将"饱和度"参数值设置为 54，效果如图 8-21 所示。

（a）"图层"面板　　　　（b）调整参数　　　　（c）效果

图 8-21　调色

## 8.2　滤镜库的应用

　　滤镜库包含风格化、画笔描边、扭曲、素描和纹理等多个滤镜组，可以将滤镜库中的多个滤镜同时作用于同一个图层，也可以对同一图层多次应用同一滤镜，图 8-22 所示为"滤镜库"面板。

可以根据设计需求在滤镜组中选择需要的滤镜，然后在右侧的参数设置区域设置滤镜的效果。此外，还可以通过面板下方的"新建效果图层"按钮，对同一图层叠加应用多个滤镜效果。下面着重讲解滤镜库中常用的滤镜及其重点属性。

滤镜库

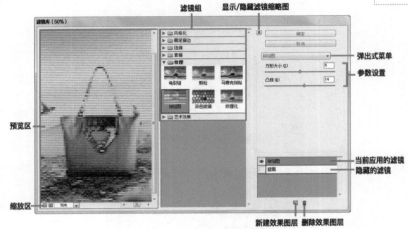

图 8-22  "滤镜库"面板

## 8.2.1　画笔描边与素描

### 1. 画笔描边滤镜组

画笔描边中包含 8 种常用的滤镜：成角的线条、墨水轮廓、喷溅、喷色描边、强化的边缘、深色线条、烟灰墨和阴影线。

（1）成角的线条。用一个方向的线条绘制图像亮部区域，再用相反方向的线条绘制暗部区域，模拟出在画布上使用油画颜料绘制交叉斜线的纹理效果。成角的线条滤镜包含方向平衡、描边长度、锐化程度 3 个属性。其中主要的属性是描边长度，通过描边长度可以控制像素的位移。画面中的草丛描边效果较为明显，如图 8-23 所示。

（a）原图

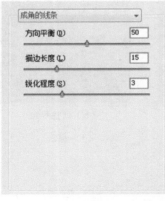

（b）属性

（c）效果

图 8-23　成角的线条

（2）墨水轮廓。使用圆滑的细线重新绘制图像的细节，从而使图像产生钢笔油墨画的效果。墨水轮廓滤镜包含描边长度、深色强度、光照强度 3 个属性，描边长度越长，线条越细腻柔和，深色强度控制画面的暗部区域大小，光照强度控制画面的亮部区域大小，效果如图 8-24 所示。

（3）喷溅。创建出一种透过水面涟漪观察画面或透过浴室毛玻璃观察画面的效果。喷溅滤镜包含喷色半径与平滑度两个属性。其中，喷色半径越大，水面涟漪效果越明显，效果如图 8-25 所示。

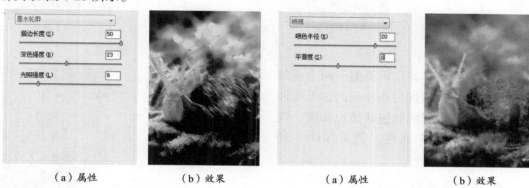

（a）属性　　　　（b）效果　　　　　　　（a）属性　　　　（b）效果

图 8-24　墨水轮廓　　　　　　　　　　　　图 8-25　喷溅

（4）喷色描边。糅合了喷溅与成角的线条两种滤镜的特点，能模拟出使用刷子绘制油画的效果。喷色描边滤镜包含了描边长度、喷色半径、描边方向 3 个属性。描边方向支持右对角线、左对角线、水平、垂直 4 种描边方向，效果如图 8-26 所示。

（5）强化的边缘。通过像素的颜色信息区分图像的边缘轮廓，并强化边缘轮廓与内部的色彩反差，弱化同一色彩区域内的界限。强化的边缘滤镜包括边缘宽度、边缘亮度、平滑度 3 个属性，效果如图 8-27 所示。

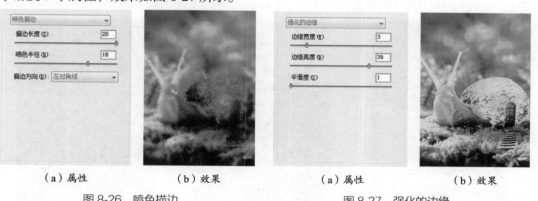

（a）属性　　　　（b）效果　　　　　　　（a）属性　　　　（b）效果

图 8-26　喷色描边　　　　　　　　　　　　图 8-27　强化的边缘

（6）深色线条。可以对图像中的暗部区域进行加强处理，使画面明暗对比更明显。深色线条滤镜包含平衡、黑色强度、白色强度 3 个属性，效果如图 8-28 所示。

（7）烟灰墨。作用与深色线条滤镜相似，但是该滤镜除了能降低暗部区域的明度外，还能在图像边缘勾勒出黑色的描边效果。烟灰墨滤镜包括描边宽度、描边压力、对比度 3 个属性。描边压力可以模拟手绘的效果，描边压力越大，描边效果越明显，效果如图 8-29 所示。

（a）属性　　　　　　（b）效果

图 8-28　深色线条

（a）属性　　　　　　（b）效果

图 8-29　烟灰墨

（8）阴影线。其作用类似于两个成角的线条滤镜交错叠加后制作出的编织纹理油画效果。阴影线滤镜包括描边长度、锐化程度、强度 3 个属性，效果如图 8-30 所示。

**2. 素描滤镜组**

素描滤镜组中包含 14 种滤镜，它们可以将纹理添加到图案，常用来模拟素描和速写等手绘效果。素描滤镜组中的大部分滤镜在定义效果时都需要使用前景色与

（a）属性　　　　　　（b）效果

图 8-30　阴影线

背景色，所以设置不同的前景色与背景色可以获得不同的色彩效果。

为同一图片添加两个半调图案滤镜，在添加滤镜前，分别将前景色与背景色设置为黑色与白色，再分别设置为蓝色与黑色，可以获得两种不同的视觉效果，如图 8-31 所示。

（a）原图　　　　　（b）前景色为黑色，背景色为白色　　　（c）前景色为蓝色，背景色为黑色

图 8-31　前景色与背景色对滤镜的影响

（1）半调图案。半调图案滤镜源于印刷中的半调网屏，是为了降低打印成本、尽可能少使用油墨而出现的一种颜色效果。半调图案滤镜包括大小、对比度、图案类型 3 个属性。半调图案滤镜支持圆形、网点和直线 3 种类型的图案，效果如图 8-32 所示。

（a）属性

（b）圆形

（c）网点

（d）直线

图 8-32　半调图案

（2）便条纸。便条纸滤镜可以简化图像，创建出类似于在纸片上手工雕刻的纸雕效果。便条纸滤镜包括图像平衡、粒度、凸现 3 个属性。其中，图像平衡可以平衡画面中高光与阴影区域面积的比例关系，其参数值越大，阴影区域面积越大，即楼阁假山中更多区域变为阴影区域，效果如图 8-33 所示。

（a）属性

（b）图像平衡：9

（c）图像平衡：17

图 8-33　便条纸

（3）粉笔和炭笔。粉笔和炭笔滤镜使用前景色模拟炭笔颜色，绘制图像中的阴影区域，使用背景色模拟粉笔颜色绘制图像中的高亮区域。粉笔和炭笔滤镜包括炭笔区、粉笔区、描边压力 3 个属性，效果如图 8-34 所示。

（4）铬黄渐变。铬黄渐变滤镜可以模拟出铬黄表面擦亮后的金属质感。铬黄渐变滤镜包括细节与平滑度两个属性，效果如图 8-35 所示。

（5）绘图笔。绘图笔滤镜以前景色作为油墨颜色，以背景色作为纸张颜色，替换原图像中的颜色，模拟出油墨打印的效果。绘图笔滤镜中包括描边长度、明 / 暗平衡、描边方向 3 个属性。其中，描边方向支持左对角线、右对角线、水平、垂直 4 种方向，效果如图 8-36 所示。

（6）基底凸现。基底凸现滤镜使用前景色绘制图像中的暗面区域，使用背景色绘制图像中的亮面区域，模拟出在石块上雕刻的浮雕效果。基底凸现滤镜包括细节、平滑度、光照 3 个属性。光照方向不同，浮雕所呈现的效果也会有所区别，效果如图 8-37 所示。

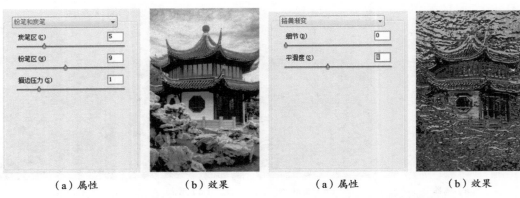

（a）属性　　　　　　　（b）效果　　　　　　　（a）属性　　　　　　　（b）效果

图 8-34　粉笔和炭笔　　　　　　　　　图 8-35　铬黄渐变

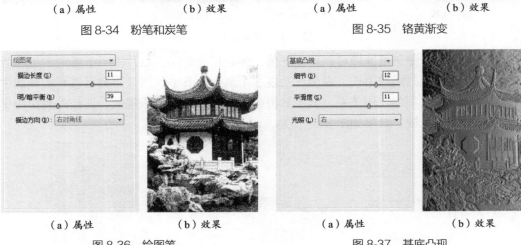

（a）属性　　　　　　　（b）效果　　　　　　　（a）属性　　　　　　　（b）效果

图 8-36　绘图笔　　　　　　　　　　图 8-37　基底凸现

（7）石膏效果。石膏效果滤镜利用前景色绘制阴影区域，利用背景色绘制高亮区域，模拟出石膏画像的效果。石膏效果滤镜包括图像平衡、平滑度、光照 3 个属性。其中，图像平衡控制高光区域与阴影区域面积的相对大小，参数值越大，阴影区域面积越大，效果如图 8-38 所示。

（8）水彩画纸。水彩画纸滤镜是素描滤镜中唯一一个能保留原图像颜色的滤镜，并能模拟出在纤维纸张上绘画的效果。水彩画纸滤镜包括纤维长度、亮度、对比度 3 个属性，效果如图 8-39 所示。

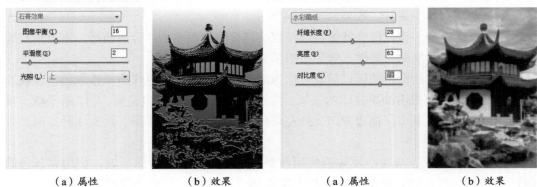

（a）属性　　　　　　　（b）效果　　　　　　　（a）属性　　　　　　　（b）效果

图 8-38　石膏效果　　　　　　　　　　图 8-39　水彩画纸

（9）撕边。撕边滤镜使用前景色为图像中的阴影区域着色，使用背景色为图像中的高亮区域着色，模拟出纸张撕裂的艺术效果。撕边滤镜包括图像平衡、平滑度、对比度 3 个属性，效果如图 8-40 所示。

（10）炭笔。炭笔滤镜以前景色作为炭笔颜色，以背景色作为纸张颜色，将图像绘制成炭笔素描画的效果。炭笔滤镜作用后的图像其画面边缘以粗线条绘制，图像内部色调以对角描边进行绘制。炭笔滤镜包括炭笔粗细、细节、明 / 暗平衡 3 个属性，效果如图 8-41 所示。

（a）属性　　　　　（b）效果

图 8-40　撕边

（a）属性　　　　　（b）效果

图 8-41　炭笔

（11）炭精笔。炭精笔滤镜使用前景色绘制图像暗部区域，使用背景色绘制图像亮部区域，模拟出炭精笔绘画的纹理效果。炭精笔滤镜属性较多，包括前景色阶、背景色阶、纹理、缩放、凸现、光照、反相等。纹理支持砖形、粗麻布、画布、砂岩 4 种纹理效果，图 8-42 所示为砖形纹理效果。

（12）图章。图章滤镜可以简化图像，模拟出橡皮或木质图章盖印的效果。图章滤镜包括明 / 暗平衡与平滑度两个属性，效果如图 8-43 所示。

（a）属性　　　　　（b）效果

图 8-42　炭精笔

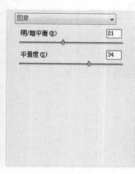 

（a）属性　　　　　（b）效果

图 8-43　图章

（13）网状。网状滤镜可以模拟出胶片乳胶可控收缩、扭曲的特性，使图像在阴影处结块，在高光处呈现轻微颗粒的效果。网状滤镜包含浓度、前景色阶、背景色阶 3 个属性。其中，浓度主要用于调整图像中网纹的密度，即颗粒感的强与弱，效果如图 8-44 所示。

（14）影印。影印滤镜可以模拟出影印图像的效果，图像中的暗部区域仅保留其边缘轮廓，中间区域色调使用纯黑色或纯白色进行绘制。影印滤镜包含细节和暗度两个属性组成，效果如图 8-45 所示。

（a）属性　　　　　（b）效果　　　　　　　　　　（a）属性　　　　　（b）效果

图 8-44　网状　　　　　　　　　　　　　　图 8-45　影印

## 8.2.2　纹理与艺术效果

### 1. 纹理滤镜组

纹理滤镜组包含 6 种滤镜，它们通过模拟现实生活中的纹理，赋予图像全新的视觉效果。

（1）龟裂缝。龟裂缝滤镜模拟在石膏表面进行绘制，将图像处理成带有精细网状裂缝的效果。龟裂缝滤镜包含裂缝间距、裂缝深度、裂缝亮度 3 个属性，效果如图 8-46 所示。

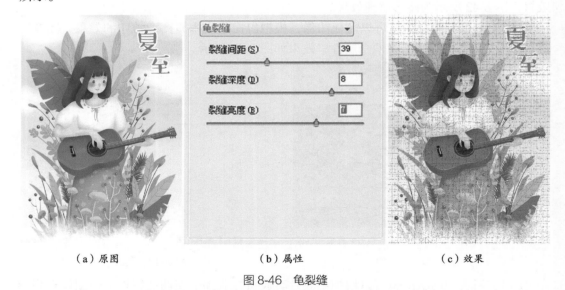

（a）原图　　　　　　　　（b）属性　　　　　　　　（c）效果

图 8-46　龟裂缝

（2）颗粒。滤镜颗粒滤镜可以在图像中添加常规、软化、喷洒、结块、斑点等不同类型的颗粒纹理。颗粒滤镜包括强度、对比度、颗粒类型 3 个属性。其中，强度越大，颗粒感越明显。图 8-47 所示为常规颗粒效果，利用颗粒滤镜可以快速制作肌理类型的插画。

（3）马赛克拼贴。马赛克拼贴滤镜可以将图像处理成由小碎片组成拼图的视觉效果。马赛克拼贴滤镜包含拼贴大小、缝隙宽度、加亮缝隙 3 个属性，效果如图 8-48所示。

（a）属性　　　　（b）效果
图 8-47　颗粒

（a）属性　　　　（b）效果
图 8-48　马赛克拼贴

（4）拼缀图。拼缀图滤镜可以将图像分成规则排列的方块，每个方块使用该区域的主色进行填充。拼缀图滤镜包含方形大小和凸现两个属性。其中，凸现可以控制方块突出的程度，效果如图 8-49 所示。

（5）染色玻璃。染色玻璃滤镜可以将图像重新绘制为单色相邻的单元格，色块之间的缝隙用前景色进行填充，使图像看起来像是染色玻璃。染色玻璃滤镜包含单元格大小、边框粗细、光照强度 3 个属性，其中，光照强度可以控制图像中心的光照效果，效果如图 8-50 所示。

（a）属性　　　　（b）效果
图 8-49　拼缀图

（a）属性　　　　（b）效果
图 8-50　染色玻璃

（6）纹理化。纹理化滤镜是彩色化的炭精笔滤镜，纹理化滤镜包含纹理、缩放、凸现、光照、反相等属性，与炭精笔滤镜十分相似，可支持砖形、粗麻布、画布、砂岩 4 种纹理类型，也可以单击 按钮，载入 PSD 格式的文件作为纹理，效果如图8-51 所示。

**2. 艺术效果滤镜组**

艺术效果滤镜组包含 15 种滤镜，它

（a）属性　　　　（b）效果
图 8-51　纹理化

们可以模仿自然或传统介质，使图像看起来贴近于绘画效果或其他艺术效果，如图 8-52 所示。艺术效果滤镜组中的滤镜属性大同小异，下面分类讲解常用的滤镜。

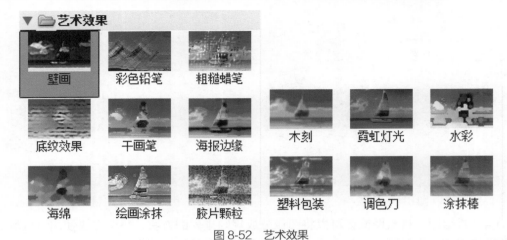

图 8-52　艺术效果

图 8-53　原图

（1）绘画艺术效果类滤镜。艺术效果滤镜组中的壁画滤镜、干画笔滤镜、绘画涂抹滤镜、水彩滤镜、调色刀滤镜和涂抹棒滤镜，都可以将图像改造成绘画的艺术风格。

这 6 种滤镜的属性相差不大，一般都由画笔大小、画笔细节、纹理等属性组成。虽然部分滤镜的属性名称不一，但其作用与原理十分相似，所以原图被处理后在视觉效果上差异不大，都接近于油画的风格，如图 8-53 至图 8-59 所示。

图 8-54　壁画

图 8-55　干画笔

图 8-56　绘画涂抹

图 8-57　水彩

图 8-58　调色刀

图 8-59　涂抹棒

（2）质感艺术效果类滤镜。艺术效果滤镜组中的粗糙蜡笔滤镜、底纹效果滤镜、海报边缘滤镜、海绵滤镜、胶片颗粒滤镜和塑料包装滤镜，都能在原图像中添加海绵、胶片颗粒和塑料等质感或纹理，使其风格发生较大的变化。为丝绸材质的窗帘素材添加滤镜后，能使其变成其他质感的素材，如图 8-60 至图 8-66 所示。

（3）简化艺术效果类滤镜。艺术效果滤镜组中的彩色铅笔滤镜、木刻滤镜和霓虹灯光滤镜都能简化图像中的色彩，减少画面细节。添加滤镜后的图像能产生接近于描边线稿、木制品雕刻画和摄影胶片的负片效果，如图 8-67 至图 8-70 所示。

图 8-60　原图

图 8-61　粗糙蜡笔

图 8-62　底纹效果

图 8-63　海报边缘

图 8-64　海绵

图 8-65　胶片颗粒

图 8-66　塑料包装

图 8-67　原图

图 8-68　彩色铅笔

图 8-69　木刻

图 8-70　霓虹灯光

### 8.2.3　演示案例：制作牛奶类 Banner

【素材位置】素材 / 第 8 章 /02 演示案例：制作牛奶类 Banner。

牛奶类 Banner 完成效果如图 8-71 所示。

图 8-71　牛奶类 Banner

牛奶类 Banner 制作步骤如下。

#### 1. 制作模特艺术效果

（1）新建一个 580px×750px 的文档，分辨率为 72ppi，颜色模式为 RGB 颜色。置入模特素材，使用钢笔工具对模特身上的长裙进行抠图处理，按 Ctrl+J 组合键将长裙从原图像中分离出来，并将长裙图层转换成智能对象，效果如图 8-72 所示。

（a）原图

（b）分离长裙图像

图 8-72　长裙抠图

（2）选择长裙图层，执行菜单栏中的"滤镜"→"滤镜库"→"艺术效果"→"塑料包装"命令，为图层添加塑料包装滤镜，将其高光强度与平滑度参数提高，将长裙制作出牛奶的质感，效果如图 8-73 所示。

（a）参数设置　　　　　　　　　　　　　　　（b）滤镜效果

图 8-73　制作牛奶质感

（3）选择模特素材图层，为其添加图层蒙版，使用黑色柔角边缘画笔在图层蒙版上进行涂抹，将模特素材图层的青色背景进行隐藏。将模特素材图层进行复制，并将复制的模特素材图层的混合模式设置为"正片叠底"，重新处理图层蒙版的隐藏范围，适当保留模特脚下的阴影区域，将鞋子、头发等区域处理得更清晰，效果如图 8-74 所示。

（a）青色背景　　　　　　　　（b）去除背景　　　　　　　　（c）素材还原细节

图 8-74　去除模特素材背景

## 2. 添加其他元素

（1）将素材文件夹中的牛奶素材分别置入文档中，适当调整牛奶素材的大小与角度，分别置于地面、模特身后、裙摆边缘和裙摆上方等区域，形成层次感，效果如图 8-75 所示。

（2）置入丝带素材并将丝带素材置于模特素材图层下方，将丝带图层的混合模式设置为"明度"，并适当降低其不透明度。使用文字工具输入主标题、副标题和公司品牌名称。最后为长裙图层添加"亮度/明度"调整图层，提高裙子亮度，使其更加洁白。

为长裙添加"投影"图层样式，使裙子与牛奶之间拉开层次，效果如图 8-76 所示。

（a）地面

（b）身后

（c）裙摆及其他区域

图 8-75　添加牛奶素材

（a）添加丝绸

（b）添加文案

（c）添加投影

图 8-76　添加细节元素

## 8.3　滤镜组的应用

### 8.3.1　风格化与扭曲滤镜组

#### 1. 风格化滤镜组

风格化滤镜组中包含 8 种滤镜，它们可以置换像素、查找图像边缘、增加图像对比度、绘制出印象派油画效果，如图 8-77 所示。下面根据滤镜效果对其进行分类讲解。

（1）轮廓描边类滤镜。风格化滤镜组中的查找边缘滤镜、等高线滤镜、浮雕效果滤镜和曝光过度滤镜，可以简化图像中的色彩，将图像处理成描边线稿或负片等效果，如图 8-78 至图 8-82 所示。

查找边缘
等高线...
风...
浮雕效果...
扩散...
拼贴...
曝光过度
凸出...

常用滤镜组

图 8-77　风格化滤镜组

图 8-78　原图

图 8-79　查找边缘

图 8-80　等高线

图 8-81　浮雕效果

图 8-82　曝光过度

（2）像素位移类滤镜。风格化滤镜组中的风滤镜、扩散滤镜、拼贴滤镜和凸出滤镜，在处理图像后会造成原图像中部分像素的位置发生偏移、色彩更改，从而形成具有特定艺术风格的图像，效果如图 8-83 至图 8-87 所示。

图 8-83　原图

图 8-84　风

图 8-85　扩散

图 8-86　拼贴

图 8-87　凸出

## 2. 扭曲滤镜组

扭曲滤镜组中包含 9 种滤镜，它们可以对图像进行几何扭曲，创建出 3D 效果或其他变形效果，如图 8-88 所示。在处理图像时，这些滤镜会占用计算机大量的内存，若文件较大，可以在确定效果后对图像进行栅格化处理。

图 8-88　扭曲滤镜组

（1）波浪类扭曲滤镜。扭曲滤镜组中的波浪滤镜、波纹滤镜和水波滤镜可以在图像上创建出波浪起伏的效果，如图 8-89 至图 8-91 所示。

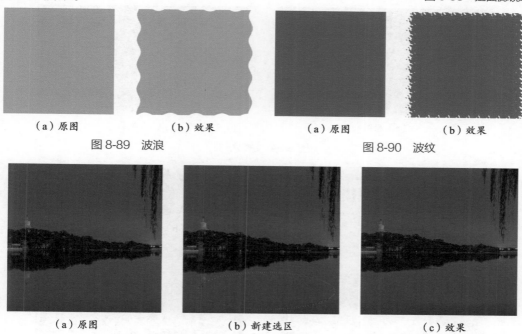

（a）原图　　　（b）效果　　　　　（a）原图　　　（b）效果

图 8-89　波浪　　　　　　　　　　图 8-90　波纹

（a）原图　　　　　（b）新建选区　　　　　（c）效果

图 8-91　水波

（2）径向类扭曲滤镜。扭曲滤镜组中的极坐标滤镜、球面化滤镜和旋转扭曲滤镜能使图像围绕一个点进行径向旋转，效果如图 8-92 至图 8-94 所示。

（3）其他扭曲滤镜。①挤压滤镜能使整个图像或选区范围内的图像向内凹陷或向外凸出，图 8-95 所示为向外凸出的效果；②切变滤镜能根据设定的曲线对图像进行扭曲，如图 8-96 所示；③置换滤镜能根据一张 PSD 格式图像的亮度值，将另一张图像的像素进行位移并重新排列，如图 8-97 所示。

（a）原图　　　　　　　　　　（b）效果

图 8-92　极坐标

（a）原图 （b）效果

图 8-93 球面化

（a）原图 （b）效果

图 8-94 旋转扭曲

（a）原图 （b）效果

图 8-95 挤压

（a）原图 （b）效果

图 8-96 切变

（a）纹理 （b）原图 （c）效果

图 8-97 置换

### 8.3.2 模糊与锐化滤镜组

#### 1. 模糊滤镜组

模糊滤镜组中包含 11 种滤镜，如图 8-98 所示。它们可以削弱相邻像素间的对比度并对图像进行柔化处理，使其产生模糊效果。模糊滤镜的效果大同小异，下面对常用的 4 种模糊滤镜进行讲解。

图 8-98　模糊滤镜组

（1）表面模糊。表面模糊滤镜能够在模糊图像的同时保留其边缘轮廓，能清除图像中的杂色或颗粒，所以常结合滤镜蒙版用于人像磨皮，效果如图 8-99 所示。

（a）原图　　　　　　　　　　　　（b）效果

图 8-99　表面模糊

（2）动感模糊。动感模糊滤镜可以沿着指定的方向（−360°～360°）对图像进行模糊，产生类似于摄影中长时间曝光而产生流光的模糊效果。在设计中为表现物体的速度感，常需要使用动感模糊滤镜，效果如图 8-100 所示。

（a）原图　　　　　　　　　　　　（b）效果

图 8-100　动感模糊

（3）径向模糊。径向模糊滤镜的模糊效果从中心点向四周进行辐射，可以模拟相机镜头旋转时所产生的眩晕感，结合滤镜蒙版可以隐去中心点的模糊效果，如图 8-101 所示。

（4）高斯模糊。高斯模糊滤镜可以添加低频细节，使图像产生一种朦胧的效果。在合成设计中，为了达到近实远虚、屏蔽次要内容突出重点的景深效果，常使用高斯模糊滤镜进行设计，效果如图 8-102 所示。

（a）原图 （b）效果

图 8-101 径向模糊

（a）原图 （b）效果

图 8-102 高斯模糊

### 2. 锐化滤镜组

锐化滤镜组中包含 6 种滤镜，如图 8-103 所示。锐化滤镜组的作用与模糊滤镜组相反，它能提高图像中两种相邻色彩交界处的对比度，使图像边缘看起来更加明显、清晰，如图 8-104 所示。锐化滤镜组中的滤镜作用与原理十分相似，下面以常用的智能锐化滤镜为例，对锐化滤镜中常用的属性进行讲解。

图 8-105 所示为"智能锐化"对话框，锐化滤镜一般包含数量、半径、减少杂色等属性。

USM 锐化...
防抖...
进一步锐化
锐化
锐化边缘
智能锐化...

图 8-103 锐化滤镜组

（a）原图　　　　　　　　　　　　　（b）效果

图 8-104　智能锐化滤镜

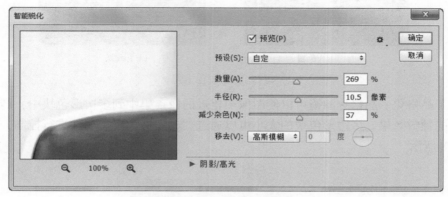

图 8-105　"智能锐化"对话框

（1）数量。用于设置锐化的强度，参数值越大，锐化效果越明显。

（2）半径。用于确定受锐化影响的边缘像素的数量，参数值越大，受影响的边缘就越宽，锐化的效果也就越明显。

（3）减少杂色。添加智能锐化滤镜后，由于加强了图像中像素间的对比度，所以会出现杂色。因此在设定数量与半径参数时，要合理设置。

### 8.3.3　其他常用滤镜组

#### 1. 像素化滤镜组

像素化滤镜组中包含 7 种滤镜，如图 8-106 所示。它们将滤镜定义的单元格中色值相近的像素进行结块，从而清晰地划分出一个图像区域，使图像产生彩色块、点状、晶格和马赛克等效果。下面讲解常用的彩色半调滤镜和晶格化滤镜中的主要属性。

（1）彩色半调。彩色半调滤镜可以为图像添加圆形网点状效果，每个圆点的大小与图像中该区域的色彩亮度相关，高光部分的圆点较小，阴影部分的圆点较大。天空部分的圆点相比水面的圆点更大，如图 8-107 所示。

图 8-106　像素化滤镜组

（a）原图　　　　　　　　　　（b）效果

图 8-107　彩色半调

（2）晶格化。晶格化滤镜可以使图像中相近的像素集中到多边形色块中，产生类似于结晶的颗粒效果。多边形色块的大小可以通过"单元格大小"属性进行控制，效果如图 8-108 所示。

（a）原图　　　　　　　　　　　（b）效果

图 8-108　晶格化

### 2. 杂色滤镜组

杂色滤镜组包含 5 种滤镜，如图 8-109 所示。它们可以在图像中添加或清除杂色像素，从而达到增加图像细节或美化图像的目的，下面主要讲解常用的两种滤镜。

（1）减少杂色。在摄影中，设置较高的感光度、曝光不足或者使用较慢的快门速度在黑暗环境进行拍摄，都可能导致照片出现与图像本身无关的像素点，摄影中称之为"噪点"，即杂色。减少杂色滤镜可基于图像通道减少图像中的无关像素点，效果如图 8-110 所示。

减少杂色…

蒙尘与划痕…

去斑

添加杂色…

中间值…

图 8-109　杂色滤镜组

（a）原图

（b）效果

图 8-110　减少杂色

（2）添加杂色。添加杂色滤镜可以将图像中的随机像素应用于图像中，生成随机的杂点。添加杂色滤镜常用于合成的背景设计，在纯色背景中添加杂色可以达到增加背景纹理细节的目的，效果如图 8-111 所示。

（a）原图

（b）效果

图 8-111　添加杂色

### 8.3.4　演示案例：制作亚洲杯足球赛海报

【素材位置】素材 / 第 8 章 /03 演示案例：制作亚洲杯足球赛海报。
　　亚洲杯足球赛海报完成效果如图 8-112 所示。

图 8-112　亚洲杯足球赛海报

亚洲杯足球赛海报制作步骤如下。

### 1．制作运动员艺术效果

（1）新建一个 750px×1190px 的文档，分辨率为 72ppi，颜色模式为 RGB 颜色。置入足球运动员素材，将其复制一份，执行菜单栏中的"图像"→"调整"→"黑白"命令，为复制后的图像添加黑白调整图层。将其转换成智能对象，然后执行菜单栏中的"滤镜"→"风格化"→"查找边缘"命令，为图层添加查找边缘滤镜，效果如图 8-113 所示。

（a）原图

（b）添加黑白调整图层

（c）添加滤镜

图 8-113　添加查找边缘滤镜

（2）将原图复制一份，将复制后的图层置于顶层，执行菜单栏中的"滤镜"→"像素化"→"彩色半调"命令，为图像添加晶格化滤镜。然后将该图层的混合模式设置为"强光"模式，与下方添加查找边缘滤镜后的图层进行混合。在"图层"面板中新建空白图层并将其置于顶层，与添加晶格化滤镜后的图层建立剪贴蒙版。使用黑色柔角边缘画笔在剪贴蒙版上进行涂抹，适当压暗足球运动员身体上的明度，使其与环境更好地融合，效果如图 8-114 所示。

（a）添加滤镜　　　　　　　（b）设置图层混合模式　　　　　　　（c）建立剪贴蒙版

图 8-114　添加晶格化滤镜

（3）将原图层复制一份，将其转换成智能对象，然后执行菜单栏中的"滤镜"→"模糊"→"动感模糊"命令，为图像添加动感模糊滤镜。使用柔角边缘画笔在滤镜蒙版上进行涂抹，隐藏足球运动员身前的模糊效果。最后置入粒子图像素材，放在运动员身后的位置，粒子颜色可添加"色相/饱和度"调整图层进行校色，效果如图 8-115 所示。

（a）添加滤镜　　　　　　　（b）处理滤镜蒙版　　　　　　　（c）添加粒子素材

图 8-115　添加动感模糊滤镜

### 2. 制作背景及其他元素

（1）将地面素材置入文档中，并放置在"图层"面板底层，为该图层添加图层蒙版，隐藏多余的灯光效果，仅保留地面效果。为地面素材添加"色相/饱和度"调整图层及"亮度/对比度"调整图层，适当提高地面的饱和度，降低其亮度与对比度等参数值，效果如图 8-116 所示。

（a）"色相/饱和度"　　　　　（b）"亮度/对比度"　　　　　（c）效果

图 8-116　添加地面素材

（2）使用矩形工具在足球运动员脚下及足球与地面接触的区域绘制出黑色矩形，在矩形的属性面板中增大其羽化参数值，为足球运动员添加投影。置入天空素材并为其添加图层蒙版，仅保留天空素材左上角部分的效果。置入乌云素材，将其复制两份，分别放置在左上角、左下角及右下角，添加图层蒙版并适当隐藏乌云多余的部分，效果如图 8-117 所示。最后置入标题及装饰性元素并调整其位置，最终完成效果如图 8-112 所示。

（a）制作投影　　　　　（b）添加天空　　　　　（c）添加乌云

图 8-117　添加背景素材

## 课堂练习：制作游戏技能图标

【素材位置】素材 / 第 8 章 /04 课堂练习：制作游戏技能图标。

　　综合运用画笔工具、混合模式和滤镜等知识，制作一个游戏技能图标，效果如图 8-118 所示。本练习中部分难点建议制作步骤如下。

　　（1）能量云雾。使用白色柔角边缘画笔制作出光晕效果，然后为光晕添加波浪滤镜，按 Ctrl+F 组合键重复添加滤镜，复制波浪滤镜扭曲后的图层并将其旋转 90°。

　　（2）粒子效果。选择柔角边缘画笔，在"画笔"面板中将"间距"参数值增大，在形状动态属性下增大"大小抖动"参数值，在散布属性中增大"散布"参数值，在传递属性中增大"不透明度抖动"参数值。然后新建空白图层，使用白色画笔进行绘制。

　　（3）色彩效果。使用渐变工具绘制紫色到蓝色再到青色的径向渐变，然后将该图层的混合模式设置为"叠加"。

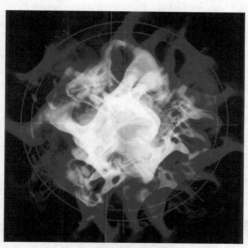

图 8-118　游戏技能图标

## 本章小结

　　本章围绕滤镜在 UI 设计中的应用，详细讲解了滤镜的基本原理和分类方式等理论知识。读者需要熟悉滤镜的添加、删除、复制等基本操作，深入掌握设计中应用滤镜时要注意的规则。

　　此外，本章重点讲解了滤镜库及滤镜组中常用的滤镜，如高斯模糊、动感模糊、径向模糊和表面模糊等。读者除了需要熟悉常用滤镜的常用属性以外，还应该灵活运用滤镜对图像进行艺术化加工处理，从而制作出惊艳的作品。

## 课后练习：制作舞蹈培训班招生海报

【素材位置】素材 / 第 8 章 /05 课后练习：制作舞蹈培训班招生海报。

运用本章所介绍的"查找边缘"滤镜及滤镜蒙版等知识，制作舞蹈培训班招生海报，完成效果如图 8-119 所示。要求使用"查找边缘"滤镜，并结合滤镜蒙版将模特的下半身处理成黑白描边效果，上半身处理成摄影效果。

图 8-119　舞蹈培训班招生海报

# 第 9 章

# 综合项目：私厨手机 App 项目

## 【本章目标】

○ 掌握 Photoshop 中的常用操作命令及功能，如文字工具、矢量工具、图层样式、调整图层及混合模式、图层蒙版和滤镜等。

○ 了解私厨手机 App 的图标及页面制作需求，熟悉手机 App 图标及功能页面的制作流程。掌握项目中思路分析、素材搜集、草图绘制和效果实现的方法。

○ 掌握手机 App 启动图标及功能图标的基本制作规范，熟悉手机 App 的基本框架，根据项目需求制作私厨手机 App。

## 【本章简介】

"学以致用，用以促学，学用相长"，读者学习 Photoshop 的目的不应局限于软件操作，而应该利用 Photoshop 设计出符合用户、市场及客户需求的 UI 作品。

本章以私厨手机 App 项目为例，以 Photoshop 为设计工具，使用前面章节所讲述的 Photoshop 操作技能，在遵循图标及手机 App 页面设计规范的基础上，制作出私厨手机 App 的启动图标、部分功能图标及内容页面。图 9-1 所示为私厨手机 App 的部分内容页。这款 App 的作用定位于美食制作，可以预约专业厨师上门烹饪，用户可以根据自身的口味、聚餐的目的、菜肴的分类等在线预约同城的优秀厨师上门服务。

图 9-1　私厨手机 App 内容页

**制作私厨手机 App 图标**

手机 App 中的图标按照其功能属性，可以分为启动图标与和功能图标。

所谓启动图标，是指用户启动应用时所点击的图标。启动图标一般应用于应用市场、手机桌面、市场宣传图等领域。启动图标如同手机 App 的脸，其美观性及辨识度能在一定程度上影响手机 App 的下载量与使用量，图 9-2 所示为手机桌面上的启动图标。

功能图标是指在手机 App 页面中起到页面链接媒介作用的图标。功能图标广泛应用在手机 App 页面的标签栏、导航栏及内容区域中。功能图标的作用在于表意，帮助用户明确其所代表的含义与功能，所以其意义应当简单明了。图 9-3 所示为个人中心页面中的功能图标。

图 9-2 启动图标

图 9-3 功能图标

### 9.1.1 演示案例：制作启动图标

【素材位置】素材 / 第 9 章 /01 演示案例：制作私厨手机 App 启动图标。

1. **项目需求**

围绕预约厨师上门烹饪这一主要功能，为私厨手机 App 制作一个启动图标。启动图标可以采用文字、图形或图文结合的形式进行展现，启动图标的意象应与厨师、餐具、食材等相关联，体现烹饪、美食、服务的 3 个宗旨，具体制作要求如下。

（1）风格。图标风格没有限制，可以采用写实、扁平或轻质感等风格进行设计。

（2）尺寸。图标最大尺寸为 1024px × 1024px，应保证启动图标放大后细节清晰、美观，缩小后元素之间不出现重叠、锯齿等现象，保持较高的可辨识度。

（3）色彩。图标配色建议采用饱和度高的暖色，如红色、橙色、黄色等，与餐饮的行业属性保持一致。应通过配色保证私厨手机 App 启动图标在用户手机桌面众多启动图标中保持较高的辨识度。

2. **思路分析**

（1）主要意象。根据项目制作需求中的关键词进行发散性思考，可以联想到图标的意象可以采用厨师、餐具及食材进行表现。图 9-4 所示为素材网站中搜集的与厨师相关的图标和 Logo：现代版的小厨师、古装的老厨师和以鸡为形象的厨师。

　　3 个素材中，虽然厨师的外貌特征存在较大差别，但是用户都能辨认出其职业身份是厨师，原因在于设计师在图标中使用了"厨师帽"，即白高帽。所以，私厨手机 App 的启动图标可以采用厨师帽进行表现，以厨师的局部典型特征来概括其整体特征，实现对图标元素的简化与抽象。

图 9-4　厨师参考素材

　　图 9-5 所示为各种类型的厨师帽参考素材，厨师帽的高度、形状、款式，甚至观察角度都存在差异。在整理思路、搜集素材时，需要根据项目需求，结合图标的特征，选择一款适合的厨师帽进行设计。首先，图标设计一般采用正面的观察角度。其次，无论是写实风格图标，还是扁平风格图标，都应在一定程度上对厨师帽进行抽象与概括，删除冗余的细节，仅保留其典型的外貌特征。

图 9-5　厨师帽参考素材

　　（2）辅助图形。确定图标的主要意象后，需要选择合适的辅助图形与主要意象进行造型设计，以丰富画面的细节。

　　餐具。图标设计中常用的餐具意象包括筷子、刀叉、碗碟、桌子、桌布及砧板等。图 9-6 所示为各类餐具参考素材。辅助图形与厨师帽进行结合时，需要统一两者的透视角度。

　　食材。图标设计中食材常用的意象较多，西餐中常用的意象包括比萨、面包、牛奶、雪糕、牛排、蔬菜、番茄、酱料等，中餐中常用的意象包括面条、米饭、汤、辣椒、丸子等。还可以发散性地思考，寻找更多的参考素材，图 9-7 所示为各种手绘食材素材。

图 9-6　餐具参考素材　　　　　图 9-7　食材参考素材

### 3. 图标制作

私厨手机 App 启动图标制作完成效果如图 9-8 所示。

私厨手机 App 启动图标制作步骤如下。

（1）绘制线稿。线稿形象不必十分精准，有大概轮廓即可。可以使用数位板在 Photoshop 中绘制草图，也可以使用铅笔在纸上绘制草图。启动图标由 4 部分组成：圆角矩形构成的桌子背景、抽象简化的厨师帽、圆形的碟子及食物拼接的厨师眼睛，如图 9-9 所示。

图 9-8　私厨手机 App 启动图标

（2）绘制黑白稿。根据线稿的外形轮廓，使用钢笔工具绘制厨师帽，使用椭圆工具绘制眼睛及碟子。使用圆角矩形工具绘制桌子，并执行"减去顶层"命令，裁剪圆角矩形上面两个圆角，效果如图 9-10 所示。此时根据设计要求，适当调整图标元素的比例。

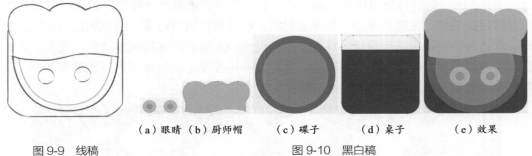

（a）眼睛（b）厨师帽　　（c）碟子　　（d）桌子　　（e）效果

图 9-9　线稿　　　　　　　　图 9-10　黑白稿

（3）制作桌子样式。将木纹素材置入 Photoshop 中，并执行菜单栏中的"编辑"→"定义图案"命令，将木纹素材定义为图案。然后为桌子添加"图案叠加""斜面和浮雕"图层样式。新建空白图层，使用黄色柔角边缘画笔提亮桌子的色彩，并将该图层的混合模式设置为"叠加"，效果如图 9-11 所示。

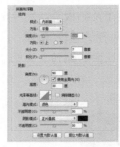

（a）"斜面和浮雕"　　　（b）"图案叠加"　　　（c）木纹与厚度效果　　（d）最终效果

图 9-11　制作桌子样式

（4）为厨师帽添加图层样式。为厨师帽添加"颜色叠加"图层样式，颜色为土黄色，混合模式为"叠加"。为厨师帽添加"图案叠加"图层样式，图案为"深色粗织物"，混合模式为"正常"，缩放参数值约为 60%。为厨师帽添加"描边"图层样式，位置为内部，大小为 2 像素，填充类型为土黄色到米白色渐变。为厨师帽添加"投影"图层样式，角度约为 125°。参数设置如图 9-12 所示。

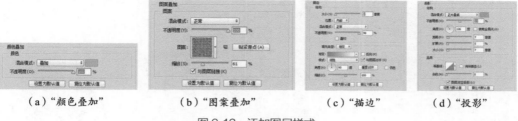

(a)"颜色叠加"　　　(b)"图案叠加"　　　(c)"描边"　　　(d)"投影"

图 9-12　添加图层样式

（5）制作厨师帽光影效果。在"图层"面板中，右击图层下方的图层样式，在弹出的快捷菜单中，执行"创建图层"命令，将所有图层样式转换成图层。然后在"图层"面板中创建空白图层并将其置于顶部，为厨师帽图层建立剪贴蒙版。使用白色与橙色画笔分别在厨师帽上方与下方进行涂抹，制作出高光与阴影，效果如图 9-13所示。

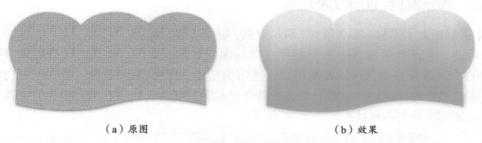

（a）原图　　　　　　　　　　　（b）效果

图 9-13　制作高光与阴影

（6）制作碟子效果。将碟子颜色更改为"白色"，并为碟子图层添加"斜面和浮雕"图层样式，设置样式为"内斜面"。为碟子图层添加两个"投影"图层样式，其中一层投影距离与大小参数较小，另一层投影距离与大小参数较大，如图 9-14 所示。

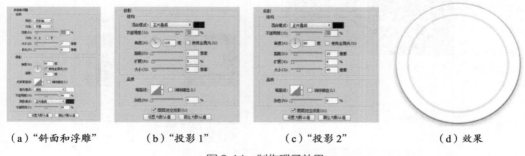

（a）"斜面和浮雕"　　　（b）"投影 1"　　　（c）"投影 2"　　　（d）效果

图 9-14　制作碟子效果

（7）制作眼睛细节。厨师的眼睛由西红柿蜜饯组成，所以将其颜色更改为红色，并为该图层添加"内发光"与"投影"图层样式。最后使用钢笔工具在眼睛上绘制出白色高光，如图 9-15 所示，最终完成效果如图 9-8 所示。

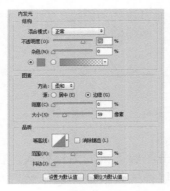 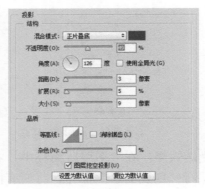 

（a）内发光　　　　　　　　　（b）投影　　　　　　　　（c）效果

图 9-15　制作眼睛细节

## 9.1.2　演示案例：制作功能图标

【素材位置】素材 / 第 9 章 /02 演示案例：制作功能图标。

目前，大部分手机 App 的标签栏在其页面的顶部或底部，会以图标的形式对第一层级的功能进行分类管理，方便用户快速切换功能。图 9-16 所示为标签栏中的功能图标，标签栏中的功能图标一般有常态及高亮显示两种状态，所以在绘制图标时，需要为每个功能图标绘制两种状态。

（a）位于顶部　　　　　　　　　　　（b）位于底部

图 9-16　标签栏

标签栏中的功能图标在常态下一般为灰色线性图标，高亮显示时为填充彩色效果，图 9-17 所示为微信的标签栏。当然也可以在标签栏的功能图标中融入情感化设计，使其更具趣味性。图 9-18 所示为 QQ 标签栏的 3 种状态，功能图标的外观形态同步发生变化。

图 9-17　微信标签栏

图 9-18　QQ 标签栏

## 1. 项目需求

私厨手机 App 的标签栏有 4 个功能入口：首页、厨师、订单及账户。需根据餐饮的行业属性，为私厨手机 App 标签栏绘制 8 枚图标，具体制作要求如下。

（1）风格。可以自由选择扁平、拟物、剪纸、轻质感等风格，但务必保证所有功能图标的风格一致、线条粗细一致、图形复杂程度一致、图形透视角度一致。

（2）文档。图标最大尺寸为 512px×512px，图标放大或缩小后不出现模糊现象。

（3）颜色。建议使用饱和度高的暖色调进行设计，可根据需要采用双渐变色等配色方案。

## 2. 思路分析

（1）保证图形的可识别性。功能图标通过其图形轮廓所显示的意义，指导用户执行各项任务流程，实现页面间的链接跳转或其他功能。设计功能图标的首要前提是：保证功能图标的意义能被大多数用户快速识别。所以，建议使用简洁易懂的图形作为图标。

①首页。目前，大部分手机 App 首页的图标为房子或商店的图形，如图 9-19 所示。

图 9-19　首页图标

②厨师。目前，部分手机 App 会在标签栏中沿用启动图标的图形，私厨手机 App 的启动图标是与厨师形象紧密相连的图形，所以可以直接沿用或适当调整启动图标的造型作为厨师功能入口的图标。

③订单。购物篮、账单、购物车等图形都可以作为订单的图标，如图 9-20 所示。

④账户。钱包、钱袋、头像等图形都可以作为账户的图标，如图 9-21 所示。

图 9-20　订单图标　　　　　　　　　　　　图 9-21　账户图标

（2）保证图标的统一性。绘制标签栏中的图标时，要注意多个图标在视觉上的统一性。统一图标的方法非常多样，如相同的线条粗细、相同的圆角、相同的缺角、相同的背景图形、相同的主题内容等。图 9-22 所示为天猫及京东活动页面，天猫活动中所有图标以圆形作为外形轮廓，保证其视觉统一；京东活动中，所有图标与秒杀活动相关，保证其内容的相关性。

（a）天猫活动页面　　　　　　　（b）京东活动页面

图 9-22　统一性

私厨手机 App 的标签栏功能图标为保证视觉上的统一，可以采取以下方法：①背景图形统一使用不规则玉石的外形轮廓，图 9-23 所示为部分玉石图标的素材；②图标中使用相同的元素、相同的图层样式、相同的纹理等，以厨师图标为例，厨师图标及其他功能图标中统一使用启动图标中碟子这个餐具元素，如图 9-24 所示；③图标高亮显示状态使用相同的交互动画形式，图标被按下后，图标边缘有喷溅出汁液的效果，图 9-25 所示为汁液的素材。

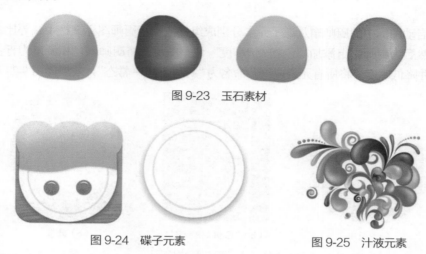

图 9-23　玉石素材

图 9-24　碟子元素　　　　　　　　　图 9-25　汁液元素

## 3. 图标制作

图 9-26 所示为私厨手机 App 标签栏功能图标的完成效果，从左往右分别为首页、厨师、订单、账户的功能图标。其中第一行图标为常态效果，第二行图标为高亮显示状态的效果。

（a）首页　　　　　　（b）厨师　　　　　　（c）订单　　　　　　（d）账户

图 9-26　标签栏功能图标

（1）制作厨师图标。

①新建一个 512px × 512px 的文档，分辨率为 72ppi，颜色模式为 RGB 颜色。使用钢笔工具绘制一个椭圆形的蓝色背景，并将其复制两份，修改其颜色，适当错位堆叠排列。新建一个空白图层，为顶层的蓝色背景图层建立剪贴蒙版，使用青色柔角边缘画笔制作出渐变的效果，如图 9-27 所示。

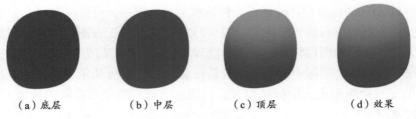

（a）底层　　　　（b）中层　　　　（c）顶层　　　　（d）效果

图 9-27　制作背景

②将启动图标中的厨师帽及碟子元素分别成组并拖曳至厨师图标文档中，等比缩小元素的大小。然后为厨师帽组添加"色相／饱和度"调整图层，将厨师帽色相调整为青色，提高其饱和度并降低明度。将所有元素成组并命名为"厨师图标－常态"，效果如图 9-28 所示。

（a）原图　　　　　（b）"色相／饱和度"　　　　（c）效果

图 9-28　调整厨师帽色彩

③将"厨师图标→常态"图层（组）进行复制，并命名为"厨师图标－高亮显示状态"。将启动图标中的眼睛元素成组并拖曳至厨师帽图标文档中，为该组添加"色相／饱和度"调整图层，将眼睛颜色调整成蓝色，效果如图 9-29 所示。

（a）原图　　　　　（b）"色相／饱和度"　　　　（c）效果

图 9-29　调整眼睛色彩

④将椭圆形蓝色背景复制两份置于底层，适当调整其颜色、不透明度及位置。使用钢笔工具绘制飞溅的汁液，效果如图9-30 所示。

（2）制作其他图标。

①将厨师图标中的背景、汁液及眼睛元素进行复制，分别为背景、汁液及眼睛元素添加"色相／饱和度"调整图层，将其

（a）添加背景层次　　（b）绘制飞溅汁液

图 9-30　制作厨师图标高亮显示状态效果

颜色调整成其他颜色，效果如图 9-31 所示。

（a）首页背景　　　　　　　　（b）订单背景　　　　　　　　（c）账户背景

图 9-31　制作背景

②使用圆角矩形工具及椭圆工具绘制首页房子、订单购物篮及账户钱包的造型，效果如图 9-32 至图 9-34 所示。

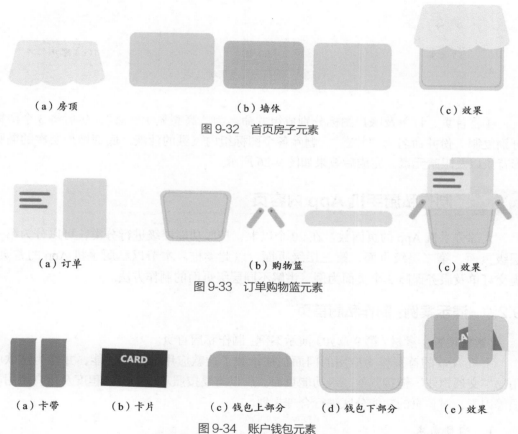

（a）房顶　　　　　　　　　　（b）墙体　　　　　　　　　　（c）效果

图 9-32　首页房子元素

（a）订单　　　　　　　　　　（b）购物篮　　　　　　　　　　（c）效果

图 9-33　订单购物篮元素

（a）卡带　　　　（b）卡片　　　　（c）钱包上部分　　　　（d）钱包下部分　　　　（e）效果

图 9-34　账户钱包元素

③将厨师图标中厨师帽的图层样式复制，然后粘贴至房顶、订单及钱包卡带等图层，适当减小"图案叠加"图层样式的缩放参数。调整各个图层"颜色叠加"及"描边"图层样式的色彩。将厨师图标中碟子的图层样式复制，然后粘贴至各个图标的碟子元素图层。图标未添加图层样式的效果如图 9-35 所示，添加图层样式后的效果如图 9-36 所示。

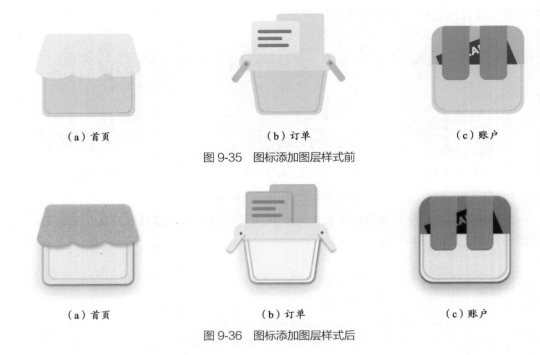

（a）首页　　　　　　　　　　（b）订单　　　　　　　　　　（c）账户

图 9-35　图标添加图层样式前

（a）首页　　　　　　　　　　（b）订单　　　　　　　　　　（c）账户

图 9-36　图标添加图层样式后

④将首页、订单及账户图标分别成组并命名为"高亮显示状态"，然后将 3 个图标分别复制一份并命名为"常态"。删除各个图标组内飞溅的汁液、底部增加层次的椭圆形背景以及眼睛元素，完成后效果如图 9-26 所示。

## 9.2　制作私厨手机 App 内容页

大部分手机 App 的页面数量在 20 个以上，按照功能层级进行分类，可以分为第一层级页面、第二层级页面、第三层级页面，以此类推。本节以私厨手机 App 的首页、提交订单及服务保障 3 个页面为例，讲解不同层级页面的制作方法。

### 9.2.1　演示案例：制作私厨首页

【素材位置】素材 / 第 9 章 /03 演示案例：制作私厨首页。

手机 App 的首页作为应用的门面往往承载了这款应用的核心功能，并作为这款应用的"交通枢纽"链接其他二级功能页面。所以需要按照功能的重要程度及用户使用习惯等因素，对首页的功能分区进行合理规划。

#### 1. 项目需求

私厨手机 App 首页主要用于展示应用中其他功能的入口，帮助用户快速定位到不同的功能页面，实现定位地点、查看厨师、预约厨师、浏览菜式、购买食材、查看订单、在线支付、售后服务等功能。首页具体功能需求如下。

（1）定位地点。用户可以定位自身所在的地区，选择合适的厨师上门服务。

（2）特色推荐。定期推送平台中厨师们的新菜式及拿手好菜，定期推送平台中口碑好的"金牌厨师"及"新晋厨神"。

（3）类目入口。提供预约厨师、成为会员、套餐服务、尝鲜体验、售后服务等功能的快速入口。

### 2. 原型绘制

原型图是将项目需求转换成设计稿的"中转站"，原型图无须配图、配色、配文案，主要通过黑白灰的图形及文字，体现页面的整体布局，在此阶段应主要考量功能分布的合理性，避免出现操作逻辑方面的问题。

（1）根据项目需求，用户需要根据地点定位，选择周边可以提供上门烹饪服务的厨师。图 9-37 所示为美团外卖手机 App 及大众点评手机 App 首页页面，两款 App 均将地点定位功能放置在首页左上角。

为此，私厨手机 App 的地点定位功能在遵循用户使用习惯的原则下，同样将该功能放置在首页的左上角。

（a）美团外卖 App　　　　　　　（b）大众点评 App

图 9-37　地点定位功能位置

（2）特色推荐。目前，很多手机 App 在首页顶部以轮播图的形式展示内容信息，如图 9-38 所示。私厨手机 App 的特色推荐同样适合使用焦点轮播图的形式来展示优秀厨师及其作品。

图 9-38　各类手机 App 的焦点轮播图

（3）类目入口。以卡片化的布局方式，将不同的功能入口分类排版，如图 9-39 所示。既节省首页的版面空间，又方便用户快速找到功能入口。

图 9-39　类目入口

根据以上分析，可以使用 Photoshop 中的矢量工具及文本工具绘制出私厨手机 App首页的原型图。私厨首页原型图制作完成效果如图 9-40 所示。

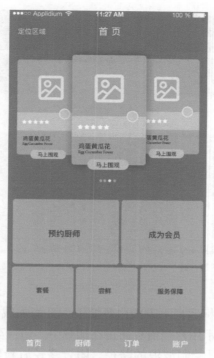

图 9-40　首页原型图

### 3. 页面设计

私厨首页制作完成效果如图 9-41 所示。

（1）制作状态栏。新建一个 750px × 1334px 的文档，分辨率为 72ppi，颜色模式为 RGB 颜色。使用矩形工具绘制出黄色背景，并使用画笔工具制作出从黄色到橙色的渐变效果。然后切换至矩形选框工具，样式设置为"固定大小"，高度设置为 40px。单击绘制选区并将其移至文档顶部，使用水平辅助线确定 40px 的位置。取消选区并置入状态栏素材，效果如图 9-42 所示。

（2）制作标题栏及标签栏。同理使用矩形选框工具及辅助线分别固定标题栏及标签栏的高度。其中，标题栏的高度为 88px，标签栏的高度为 98px。分别置入标题栏及标签栏的图标及文字，此时首页处于高亮显示状态，所以除首页图标以外，其他所有标签栏图标均为常态，效果如图 9-43 所示。

图 9-41　私厨首页

图 9-42　制作状态栏

（a）固定栏高　　　　　　　　（b）置入内容

图 9-43　制作标题栏及标签栏

（3）制作加载效果。标题栏下方的白色波浪为页面加载动画元素，当页面刷新时，波浪将从左向右流动，提示用户当前页面正在加载中。切换至钢笔工具，绘图模式设置为"路径"，使用钢笔工具绘制波浪的路径，闭合路径后新建白色纯色图层填充路径。同理绘制出另一个波浪效果，将其不透明度降低并置于第一个波浪图层的下方，效果如图 9-44 所示。

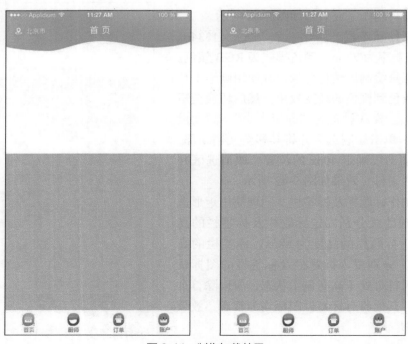

图 9-44　制作加载效果

（4）制作轮播焦点图。如图 9-44 所示，使用圆角矩形工具制作图片边框，为底层白色圆角矩形添加两个"投影"图层样式，方向分别为 90° 与 −90°。将图片与灰色圆角矩形一起建立剪贴蒙版。最后绘制按钮，添加菜品名字及按钮文字，效果如图 9-45 所示。

（a）背景　　　　　（b）图片　　　（c）按钮及名称　　　　（d）效果

图 9-45　控制焦点轮播图

（5）制作类目入口背景。使用矩形工具绘制类目入口的背景，直接选择工具调整平台锚点，改变透视角度，为"背景 2"图层添加"投影"图层样式，置入灯光素材，效果如图 9-46 所示。

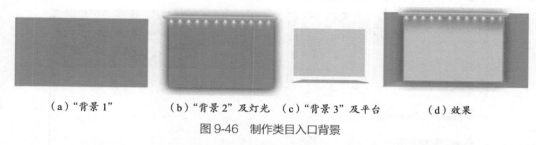

（a）"背景 1"　　　（b）"背景 2"及灯光　（c）"背景 3"及平台　　（d）效果

图 9-46　制作类目入口背景

（6）完善类目入口内容。使用圆角矩形工具绘制功能的背景，使用椭圆工具绘制图标的背景。新建空白图层，并与圆建立剪贴蒙版，使用柔角边缘画笔绘制出图标背景的渐变效果，预约厨师功能入口如图 9-47 所示。其他图标制作方法相同，此处不赘述，最终完成效果如图 9-41 所示。

（a）背景　　　　　　　（b）图标　　　　　　　　（c）效果

图 9-47　制作预约厨师图标

## 9.2.2　演示案例：制作提交订单页面

【素材位置】素材 / 第 9 章 /04 演示案例：制作提交订单页面。

提交订单页面一般属于第三层级或第四层级，乃至更高层级中的页面。虽然其层级靠后，但是提交订单页面作为整个 App 流量变现的重要通道，直接影响用户的购买行为，所以提交订单页面是所有 App 开发者都十分重视的功能页面之一。

### 1. 项目需求

提交订单页面是用户在浏览厨师信息、选购食材后跳转的订单信息确认页面。在此页面中，用户可查看并完善订单的相关信息，需在页面中呈现出以下功能及信息。

（1）厨师信息。具体包括厨师的名字、头像、工龄、联系电话、服务范围及擅长菜式等信息。

（2）用户信息。用户可以选择上门烹饪的时间、自动生成上门烹饪的地址、用户的常用联系电话等信息。

（3）食材信息。根据需求，提交订单页面会自动生成用户在平台中购买的食材名称、数量及价格。不需要购买食材的客户，其食材信息栏为空。

（4）提交按钮。提交按钮需为用户展示当前订单的价格。

### 2. 原型绘制

图 9-48 所示为美团外卖及饿了么 App 的提交订单页面，这两款外卖类手机 App 的提交订单页面均采用了卡片化设计。在卡片化布局中，每个卡片能承载的信息量十分巨大，且每张卡片之间的操作相互独立、互不干扰。

（a）美团外卖　　　　　　　　　（b）饿了么

图 9-48　卡片化布局页面

由于项目需求中明确提出，该页面需要展示厨师信息、用户信息及食材信息，所以可以将这 3 类信息使用 3 个卡片进行分类展示。图 9-49 所示为提交订单页面的原型图。

图 9-49　提交订单页面原型图

### 3．页面设计

提交订单页面制作完成效果如图 9-50 所示。

提交订单页面制作步骤如下。

（1）制作背景。新建一个 750px × 1334px 的文档，分辨率为 72ppi，颜色模式为 RGB 颜色。将首页文档中的状态栏、标题栏及波浪加载动画分别成组，并复制到提交订单页面文档中，将"首页"更改为"提交订单"，删除定位图标，置入返回图标，效果如图 9-51 所示。

（2）制作卡片。使用圆角矩形工具绘制卡片及按钮，并为其添加"投影"图层样式。此外，按钮上还需要添加"渐变叠加"图层样式，然后使用椭圆工具绘制一个白色描边头像边框，最后使用矩形工具绘制一个米白色矩形及一个棕色矩形，制作出按钮的分割线，效果如图 9-52 所示。

（3）排版文案。使用所选字体对厨师信息、用户信息和食材信息进行排版。一级标题及按钮文字建议使用 30px 加粗字体，正文文字建议使用

图 9-50　提交订单页面

常规（24px）或中等（26px）字体，最小字体不小于 20px。最后置入厨师头像及其他图标素材，使用多边形工具及圆角矩形工具绘制卡片右侧滚动条的组件，效果如图 9-53 所示。

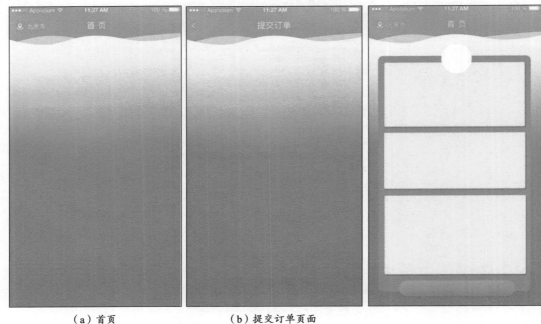

（a）首页　　　　　　　　（b）提交订单页面

图 9-51　制作背景　　　　　　　　　　　　图 9-52　制作卡片

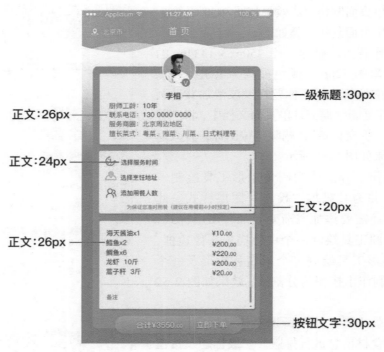

图 9-53　排版文案

（4）完善细节。使用钢笔工具分别绘制多份飞溅汁液的素材，接着按住 Ctrl 键并单击图层的缩略图，将该图层载入选区，然后执行菜单栏中的"选择"→"修改"→"收缩"命令将选区范围缩小约 10px。按 Shift+F6 组合键，在弹出的"羽化选区"对话框中，将羽化半径参数设置为 6px。新建空白图层，并与汁液图层建立剪贴蒙版，使用白色或相似色填充图层，制作出高光效果。最后为该图层添加"投影"图层样式，效果如图 9-54 所示。同理，可绘制出其他汁液素材，并将汁液素材合理分布于页面中，最终完成效果如图 9-50 所示。

图 9-54　完善细节

## 9.2.3　演示案例：制作服务保障页面

【素材位置】素材 / 第 9 章 /05 演示案例：制作服务保障页面。

服务保障、服务承诺、使用条款、法律声明、关于我们等页面一般都是整个任务流程中最末端的页面，页面中的信息表达较为完整，操作性的功能与按钮较少。由于其中信息内容较多，所以需要着重考虑信息的排版，方便用户快速阅读。

### 1. 项目需求

私厨手机 App 服务保障页面中的内容相对较少，在排版中除了需要兼顾页面的美观性，还需要根据信息的重要程度对信息分类排版，便于用户快速阅读。具体信息内容如下。

（1）标题。主标题为"服务保障"，副标题为"大平台 有保障"。

（2）内容。厨师爽约，代买食材，损坏物品。

（3）品牌口号。口号为"在线预约厨师 私人定制菜品"。

### 2. 原型绘制

私厨手机 App 服务保障页面中的内容信息分为 3 类：标题、内容及品牌口号。在制作原型图时，可根据文字的明度、大小、间距等，对文字进行简单的排版，体现出内容信息之间的层级关系。图 9-55 所示为服务保障页面原型效果图，当前页面继续沿用卡片化设计。

在制作原型图时，可以暂时不考虑配色及配图，但是需要有一个参考，图 9-56 所示为设计稿参考页面。通过参考页面能大致预估从原型图过渡到设计稿时的整体效果，从而避免最终效果与预期效果不符。私厨手机 App 服务保障页面功能与内容较少，为避免页面过于空洞，需要增加装饰性元素和丰富整体画面。

图 9-55　服务保障原型图

图 9-56　参考页面

### 3.　页面设计

私厨手机 App 服务保障页面完成效果如图 9-57 所示。

私厨手机 App 服务保障页面制作步骤如下。

（1）制作背景。新建一个 750px × 1334px 的文档，分辨率为 72ppi，颜色模式为 RGB 颜色。将"提交订单"页面中的状态栏、标题栏及波浪加载动画分别成组，并复制到提交订单页面文档中，将标题栏中的文字更改为"服务保障"，效果如图 9-58 所示。

（2）制作背景面板。置入厨师素材，使用圆角矩形工具绘制背景板，对厨师素材进行遮挡，为背景板添加"投影"图层样式。继续使用圆角矩形绘制第二层背景板，并为其添加"斜面和浮雕""渐变叠加"图层样式，效果如图 9-59 所示。

（3）制作标题效果。首先为主标题"服务保障"添加"斜面和浮雕"图层样式，样式为描边浮雕。接着添加"描边"图层样式，位置居于外

图 9-57　服务保障页面

部，适当增大描边大小，颜色设置为深棕色。然后在图层样式上单击鼠标右键，在弹出的快捷菜单中执行"创建图层"命令，并为创建的图层添加"投影"与"描边"图层样式。最后在文字图层上方新建空白图层，与文字图层建立剪贴蒙版，使用橙色画笔涂抹制作出渐变效果，效果如图 9-60 所示。同理，可制作出副标题"大平台有保障"的效果。

图 9-58　制作背景

图 9-59　制作背景板

图 9-60　制作标题效果

（4）完善细节。置入正文内容与品牌口号，然后将提交订单页面中飞溅的汁液图层成组，并复制到当前文档，适当调整汁液素材的大小与位置，最终完成效果如图 9-57 所示。

## 本章小结

本章以私厨手机 App 项目为例，详细讲解了启动图标、功能图标、首页、提交订单页面及服务保障页面的制作过程。读者需要掌握 3 方面的技能：首先是对 Photoshop 中常用功能及命令的灵活运用，如图层蒙版、剪贴蒙版、矢量工具、调整图层和图层样式等；其次需要熟悉手机 App 界面制作的流程，掌握思路分析、素材搜集、草图绘制及效果实现的方法与技巧；最后需要熟悉手机 App 图标的设计尺寸、内容页的栏高、字体的大小设置等基本设计规范。